标准走进百姓家丛书

空气净化器原理与使用知识问答

国家标准化管理委员会
中国标准出版社 组织编写

宋广生 主编

中国质检出版社
中国标准出版社
北京

图书在版编目(CIP)数据

空气净化器原理与使用知识问答/宋广生主编.
—北京:中国标准出版社,2013
(标准走进百姓家丛书)
ISBN 978-7-5066-7063-0

Ⅰ.①空… Ⅱ.①宋… Ⅲ.①汽体净化设备-问题解答 Ⅳ.①TU834.8-44

中国版本图书馆 CIP 数据核字(2012)第 269090 号

中国质检出版社
中国标准出版社
出版发行

北京市朝阳区和平里西街甲 2 号(100013)
北京市西城区三里河北街 16 号(100045)

网址:www.spc.net.cn
总编室:(010)64275323 发行中心:(010)51780235
读者服务部:(010)68523946

中国标准出版社秦皇岛印刷厂印刷
各地新华书店经销

*

开本 787×960 1/32 印张 6.5 字数 111 千字
2013 年 1 月第一版 2013 年 1 月第一次印刷

*

定价 17.00 元

《标准走进百姓家丛书》
（第五批）

编辑委员会

《空气净化器原理与使用知识问答》

编 写 人 员

指　　导　侯立安

主　　审　陈烈贤

主　　编　宋广生

编写人员　侯立安　陈烈贤　宋广生

彭　澜　尚　婕　戴自祝

郝郑平　栾志强　陈大博

《标准走进百姓家丛书》
（第五批）
出版说明

由中国标准出版社策划和组织编写的《标准走进百姓家丛书》第一批至第四批是国家“十一五”重点规划图书，着眼于标准与百姓日常生活的结合，以服务百姓为创作目的，具有广泛的普及性和严谨的科学性。该丛书旨在普及日常生活中的标准知识，阐释标准的内容和真谛，帮助百姓提升应用标准知识的技能，以提高百姓的标准化意识和科学素质。

2006 年至 2010 年期间，我们陆续出版的四批《标准走进百姓家丛书》中，包括知识问答图书 56 种、儿童画书 5 种、挂图 3 种、图集 1 种。该丛书形成了与百姓生活密切相关的“衣”“食”“住”“行”“游”“学”“用”“综合”“儿童读物”以及挂图等系列，初步建立了普及标准化知识的书系，赢得了百姓的一致好评。几年中，我社力邀的既具有广博的标准知识，又熟悉行业、熟悉读者需求的热心标准科普事业的作者，为奉献出优秀的标准科普作品倾注了全部才智，谨此深致谢意。

2011年，中国标准出版社与中国计量出版社合并，组建中国质检出版社。新社成立后，经过认真的调研与筹备，我们继续推出《标准走进百姓家丛书》第五批，内容仍然围绕百姓生活常用的标准知识展开，且与近年来社会生活关注热点密切相关，如轮胎实用知识、低碳经济与低碳生活知识、水土保持知识、车内环境污染防控知识、环境标志产品知识等。对于前面四批丛书中广受百姓欢迎的分册，我们也根据标准的制修订情况分批陆续修订，推出更加实用的第二版。

我们仍将不懈努力，力争使该丛书继续以其特有的形式和内容，为普及标准化知识尽绵薄之力。我们也期待，标准化科普知识的传播，能为百姓提高科学素质、提升生活水平有所帮助，从而为构建和谐社会贡献力量。

中国质检出版社

中国标准出版社

2011年7月

前　　言

一场秋雨一场寒，伴随着阵阵秋风，2012年的冬天就要到来。此时此刻，不仅让人们回想起去年的这个季节，由于一场PM2.5污染的监测与控制的讨论，引发了全社会对环境污染问题的高度关注，同时，国家明确了加强PM2.5监测的路线图，一时间，空气净化器成为市场上的热销产品。

每年冬季到来的时候，中国室内环境监测工作委员会都会向社会发布室内环境污染警示。在我国的大部分地区，冬季人们关闭门窗防寒保暖，室内开窗通风换气的时间减少。特别是目前许多家庭采用地热采暖方式，使得装饰装修和家具中的污染物释放量增多。加之人们外出活动和运动的时间减少，冬季流行性感冒和各种传染性疾病增多了，儿童、老年人和慢性疾病患者的健康问题增多了。怎样解决室内环境污染问题，保障人们的身体健康，成为每年冬季全社会关注的问题，而室内环境成为解决这个问题的关键环节。

现在人们更多关注的是，在短时间内难以解决大气污染问题的情况下，怎样解决室内环境中的PM2.5污染问题，解决室内环境中的甲醛污染、生物污染问题，以及冬季流行性疾病的感染问题。

现在，科学地选用空气净化器可以很好地解决这些问题。空气净化器已成为家家户户时尚的家用电器，商场断货、工厂加班加点生产，快递公司的快递员顶着大气环境中的PM2.5的污染在雾霾天气中穿行，为人们送去净化室内空气污染的空气净化器。

但是，您知道怎样选择一台净化效果好的空气净化器吗？

您知道国家有关空气净化器的检测和评价标准吗？

您知道空气净化器常用的有哪些技术吗？

您知道什么样的空气净化器能够消除甲醛污染吗？

可能您已经购买了一台空气净化器，但

不知道怎么样正确使用空气净化器，或者在使用中经常遇到过滤网被污染、净化效果下降的情况，如何正确的保养和使用？

希望这本书可以消除您的烦恼，帮助您科学地使用空气净化器。

愿这本书提供的信息能够帮助您和您的家人创建一个安全、健康和舒适的室内环境。

编　者

2012 年 11 月

目　　录

一、空气净化器与健康

二、空气净化器技术

三、空气净化器标准

五、空气净化器的发展

一、空气净化器与健康

1. 什么是空气净化器？

近年来一种新型家用电器——空气净化器逐步进入到中国人的家庭，类似的产品也有叫做空气清洁器、空气净化机或者空气清新机。

这些产品大都采用各种空气净化技术和材料，通过风机或者室内和车内空气的自然流动，滤除、吸附、分解、杀灭或转化室内和车内空气中的空气污染，包括空气中的化学污染、物理污染和生物污染，有的产品还具有提高室内和车内环境空气质量的能力。

国家空气净化器相关标准中把空气净化器定义为“从空气中分离和去除一种或多种污染物的设备。对空气中的污染物有一定去除能力的装置，主要是指房间内使用的单体式空气净化器以及集中空调通风系统内的模块式空气净化器。”

由于室内空气中污染物的释放有持久性和不确定性的特点，目前使用空气净化器净化室内空气是国际公认的改善室内空气质量的方法。

空气净化器有立式、台式、挂式等产品，也有的是安装在集中空调系统中的空气净化装置，广泛应用于空调房间如办公室、宾馆、民用住宅、医院病房以及其他需要净化空气的实验室、计算机房等场所。一般的有家用、商用和车用空气净化器。

市场上新型的空气净化器不仅具有多重净化室内空气功能，而且具有监控室内空气质量、自动检测烟雾、自动检测滤芯材料的清洁程度和释放负离子等功能。

目前，我国人们使用空气净化器主要解决由于建筑、装修和家具导致的室内空气污染问题。近年来，城市环境污染问题引发了全社会的关注，空气净化器成为净化室内环境可吸入颗粒物污染问题PM2.5(空气动力学当量，指大气中直径小于或等于2.5 μm 的颗粒物)的重要手段之一。

2. 空气净化器的分类？

目前市场上空气净化器的种类较多，按照去污功能分为物理型、化学型和离子化型。物理型是通过过滤除去悬浮颗粒物；化学型则是利用中和、催化和分解作用除去有害气体；离子化型是采用电量放电、等离子体和紫外线除臭，杀灭细菌。

一般而言，室内空气净化器是由壳体、净化部分、风机、电控四个部分组成。起主要作用的有净化部分和风机部分。

目前市场上有数十种原理不同的空气净化器，应用不同的手段对空气进行净化处理，比较常见的

空气净化器有:机械式、静电式、负氧离子式、物理吸附式、化学吸附式,或者这几种中的两种或两种以上形式的组合。

由于各种净化器利用的净化原理的差异,必然造成其在净化过程中的差异,按净化原理分为:高效过滤净化器、静电吸附净化器、臭氧净化器、光催化净化器、多功能空气净化器和负离子空气净化器等。

3. 怎样认识使用空气净化器的重要性?

当经过母亲十月怀胎,每一个人从母亲体内呱呱坠地后,进入了一个新的世界,您想到了吗,人出生以后的第一个生命运动是什么?从生命开始到死亡,无时无刻不能离开的是什么?人类会关注自己的衣食住行,却最容易忽视的是什么?是空气。

空气是人类时时刻刻不能缺少的,人类的生存离不开空气。现代医学研究表明,人在饥饿状态下的生命极限最多7天,但大脑只要缺氧六分钟,就会造成脑死亡。

同时,空气也是人类消耗量最大的自然资源,据计算,一个人每天平均呼吸10 m^3 的空气,要喝4 L的水,吃0.5 kg的粮食。在饮食、饮水和呼吸空气方面,最无法选择的是什么,人类可以选择无污染的水和食物,却难以选择所呼吸的空气。

呼吸是人接触空气污染物的主要途径。人们呼吸空气的洁净程度决定了身体状况,大气环境好的地区为什么人们能够健康长寿,洁净的空气是一个重要原因。

随着社会经济的发展和现代化水平的提高,人们在城市中生活和工作的机会增加,城市居民和工作者80%～90%以上的时间在室内或车内,生活在城市中一些行动不便的人,如老人、婴儿等则可能有高达95%的时间是在室内生活,见表1-1。

表1-1　成年人在一些区域度过的平均时间（小时/日）及百分比（%）

区域	职业男性	职业女性	家庭妇女
居室环境	13.4(56%)	15.4(64%)	20.59(85%)
工作场所	6.7(28%)	5.2(22%)	0(0%)
过渡区域	1.6(7%)	1.3(5%)	1.0(4%)
室外环境	0.7(3%)	0.3(1%)	1.4(2%)
其他建筑物内	1.6(7%)	1.8(7%)	2.1(9%)

如果在人们工作或者生活的环境中,存在着大量的有毒有害气体,充斥着甲醛污染,这样的室内环境,就不仅是生存需要的问题了,而是会不会造成伤害,会不会危害人们的身体健康的问题了。所以,采用空气净化器等室内环保产品解决室内环境污染问题成为室内环保行业发展中的新课题。

4. 空气净化器能够净化哪些污染物？

室内空气污染按其污染物特性可分为化学污染、物理污染和生物污染三类：

(1) 化学污染：主要为挥发性有机化合物(VOCs)和有害无机物引起的污染。挥发性有机化合物，包括醛类、苯类、烯等300余种有机化合物，其中最为主要的为甲醛及苯、甲苯和二甲苯等芳香族化合物，这类污染物主要来自建筑装修或装饰材料。而无机污染物主要为氨气(NH_3)，燃烧产物CO_2、CO、NO_x、SO_x等，这些污染物主要来自室内燃烧产物。

VOC对人体健康影响主要是刺激眼睛和呼吸道，使人皮肤过敏、产生头痛、咽痛与乏力。总挥发性有机化合物（TVOC）浓度小于0.2 mg/m^{3}时，对人体不产生影响；当浓度超过35 mg/m^{3}时可能导致以昏迷、抽筋，甚至死亡。另外即使室内空气中单个VOC含量都远低于其限制浓度，但由于多种VOC的混合存在及其相互作用，危害强度可能增大，整体暴露后对人体健康的危害仍然相当严重。

（2）物理污染：主要为可吸入颗粒物、重金属和放射性氡（Rn）、纤维尘和烟尘等的污染。

可吸入颗粒物是指空气动力学当量直径小于等于10 μm的颗粒物，多孔、多形，以及因此而具有的吸附性是其主要特点。颗粒的成分较多，除了一般的尘埃外，还有炭黑、石棉、二氧化硅、铁、铝、镉、砷等130多种有害物质，室内经常可检测出来的有50多种。颗粒物一般为物理污染，有时颗粒物参与化学反应，造成化学污染。按照粒径划分的颗粒物类型有：降尘、总悬浮颗粒物（TSP）、飘尘、可吸入颗粒物PM10，其中细微粒PM2.5为室内主要污染物之一，对人体危害最大。

（3）生物污染：细菌、真菌和病毒引起的污染。

微生物是肉眼看不见，必须通过显微镜才能看见的微小生物的统称。微生物普遍具有以下特点：1）个体小；2）繁殖快，繁殖一代只需几十分钟到几小

时;3)分布广、种类繁多;4)较易变异,对温度适应性强。自然界中大部分微生物是有益的,少数微生物有害,后者会引发生物污染。能引起人类传染病的病原微生物一般有病毒(virus)、细菌(bacteria)和真菌(fungus)。

使用空气净化器,是改善室内空气质量、创造健康舒适的办公室和住宅环境十分有效的方法。在居室、办公室等许多场所都可以使用空气净化器。

5. 空气净化器能够解决建筑物综合征吗?

近年来,在我国住宅和办公大楼等建筑物内,不断出现建筑物综合征(sick building syndrome)、建筑物关联症(building-related illness)和化学物质过敏症(multiple chemical sensitivity)。

室内空气中的生物污染物和化学污染物是引发这些疾病的主要原因。

生物污染物来源于死的或活的有机体,如细菌、真菌和原生动物等。化学污染物来源于建筑材料、家用化学品、家具、办公设备等,如氨、甲醛和挥发性有机化合物等,特别是室内通风条件不好时,这些污染物就会在室内积聚,造成严重污染。在典型室内污染物多达数十种乃至数百种以上,浓度通常高于室外5~10倍以上。

室内空气污染问题引发的严重后果,引起了人

们极大的关注，并积极寻找解决问题的办法，空气净化器就是用于净化室内空气的设备之一。

由于空气净化器有改善和提高室内空气质量的作用，因此，近年来在我国也有了长足的发展。

6. 解决室内环境污染问题主要途径有哪些？

室内污染指由于室内引入能释放有害物质的污染源或者室内环境通风不佳导致室内空气中有害物质无论数量还是种类上不断增加，引起人们的一系列不适应症状的现象。室内空气污染物具有累积性、长期性和多样性等特征。据有关资料显示，当前人们68%的疾病都与室内空气污染有关。

目前，人们往往通过以下三种方式净化室内空气：

(1) 通风。通风通常有自然通风和机械通风两种形式。通新风是改善室内空气品质的一种行之有效地方法，合理的气流组织可以有效地改善局部空间的空气品质，通过通风提供人所必需的氧气，并用室外的污染物浓度低的空气来稀释和带走室内污染物浓度高的空气。

对城市的家庭来说，为了防止城市大气污染、噪声污染，在夏季空调房间、冬季房屋保温保暖期间节省能源消耗，不能采用常用的开窗通风方式净化空气，近年来，城市大气污染问题和节能环保问题越来

越得到全社会的关注，通风不是解决室内环境污染问题的好办法。

（2）放置盆栽绿色植物。绿色植物除了能够美化室内环境外还能改善室内空气品质。几年前，中国室内环境监测工作委员会曾经进行了利用植物净化室内环境有害物质的课题研究，研究中参考和选择国家室内环境有害物质测试的有关标准，对植物净化室内环境中的甲醛、苯和氨气污染进行了测试，结果发现，目前市场上销售的常见花卉大部分对甲醛、苯、氨气等室内环境中的有害物质有净化效果，所测试的各种植物都能有效地降低室内污染物的浓度。

但是盆栽绿色植物吸收能力有限，而且在城市家庭和写字楼中养护绿色植物也不是十分容易，一些绿色植物在室内环境中难以成活。

（3）空气净化器。空气净化器是最安全和节约能源的空气净化方法之一，因为采用增加新风量来改善室内空气质量，需将室外进来的空气加热或冷却至室温而耗费大量能源。因此在欧美的一些发达国家，具有暖通空调系统的建筑物内，也使用空气净化器进一步提高室内空气质量。

选择空气净化器可以持久性地解决室内环境污染问题，目前空气净化的方法主要有：过滤器过滤、活性炭吸附有害物质、纳米光催化降解 VOCs、臭氧法、紫外线照射法、等离子体净化和其他净化技术，特别是一些专家和企业研发出来的多功能、智能化的空气净化器，成为解决室内空气污染，提高室内空气质量的更好的办法。

7. 怎样认识空气净化器与室内环境安全健康的关系？

在经历了“煤烟污染”和“光化学烟雾污染”之后，人类健康正面临着室内空气污染的威胁。据不完全统计，全球因空气污染导致的急性呼吸系统感染，每年要夺去大约 400 万名儿童的生命。

美国环保署（EPA）研究表明，室内空气的污染程度要比室外空气严重 2～5 倍，在特殊情况下可达到 100 倍，EPA 已将室内空气污染归为危害公共健康的 5 类环境因素之一。EPA 报告民用及商用建筑室内的污染程度是室外的数倍至数十倍乃至百倍。室内空气品质低劣造成的直接经济损失高达 400 亿美元，全世界每年有 2 400 万人的死亡与此有关。

据世界银行统计，我国每年因室内空气污染所导致的超额死亡人数达 11.1 万人，超额门诊数可达 22 万人次、超额急诊数可达 430 万人次。由健康危害导致的经济损失高达 107 亿美元。鉴于此，中外厂家纷纷开发出专门提高室内空气质量的空气净化器产品。

为了有效地解决室内环境和车内环境污染问题，专家和企业研制开发出一系列室内空气净化器，

例如排风扇、抽油烟机、空调换气机、新风换气机等。

2003年3月1日由国家质量监督检验检疫总局、卫生部、国家环境保护总局共同发布的我国第一部GB/T 18883—2002《室内空气质量标准》开始正式实施；2012年3月我国第一部GB/T 27630—2011《乘用车内空气质量评价指南》正式实施，这无疑促进了我国室内和车内空气净化器等室内环保产业的发展，为空气净化器产业发展提供了发展机遇。

8. 你知道世界卫生组织发布的室内空气质量报告的主要内容吗？

10年前，WHO公布的《2002年世界卫生报告》中专门用一章的篇幅阐述了室内空气污染与人们健康的关系："尽管空气污染物主要存在于室外，但人们长期生活在室内，因此人们受到的污染主要源于室内空气污染。居室环境对人的日常生活有着重大影响，居室的选址、设计、建设及传统的烹调和取暖造成的室内环境污染都会对人类健康产生重大影响。据统计，全球近一半的人处于室内空气污染中，室内环境污染已引起35.7%的呼吸道疾病、22%的慢性肺炎和15%的气管炎、支气管炎和肺癌。”报告中特别提到居室装饰使用含有有害物质的材料会加剧室内污染程度，这些污染尤其会对儿童和妇女产生不利影响。目前发展中国家有近200万例超额死亡可能由室内空气污染所致，全球约4%的疾病与室内环境相关。

室内环境质量的恶化可以产生许多不良后果，对人体健康造成危害，使人们感觉身体不适等，同时又会影响工作效率，使整个社会经济受到损失。据美国职业安全及健康管理局估计，因室内环境质量恶劣而导致每个员工每天损失14 min～15 min的工作时间，除了许多商业因损失生产力使成本上升外，恶劣室内环境质量也导致医疗费用的增多。根据美国的另一项调查显示，由于恶劣室内环境质量而导致总经济成本的损失每年高达47亿～54亿美元，这还未包括对建筑材料及各种器材的损失。

9. 为什么说室内环境污染是人类健康的十大杀手之一？

WHO发布的《2002年世界卫生报告》中，将室

内烟尘与高血压、胆固醇过高症及肥胖症等共同列为人类健康的 10 大威胁，报告中强调这 10 大威胁造成的后果比人们想象得要严重，全世界每年有 2 400 万人的死亡与之紧密相关，由这些因素引起的疾病在发展中国家占到 30%，而在中国、南美等国家 1/6 的疾病由以上因素引起。

WHO 的报告反映了我国目前室内环境污染情况，作为一个发展中国家，我国目前不仅有现代城市中的建筑物综合征的污染，同时也有一些不发达地区和消费群体的室内取暖与燃烧造成的污染。随着冬季的到来，由于人们在室内工作和生活的时间增多和户外活动的减少、为了保温而密闭在室内的有害气体增加、秋季装修的房子室内有害气体难以尽快挥发，还有一些家庭利用煤炉在室内取暖等原因，又到了室内环境污染危害严重的季节了，冬季多发的各种流行病传染病都与室内环境有关，室内环境监测中心提醒广大消费者，为了您和您家人的健康，请注意您的室内环境。

来自我国的监测数据表明，近年来我国室内化学性、物理性、生物性污染都在增加。据世界银行统计，我国每年由于室内空气污染引起的超额死亡数可达 11.1 万人，超额门诊数可达 22 万人次，超额急诊数可达 430 万人次。仅 1995 年我国因室内环境污染健康危害所导致的经济损失即高达 107 亿美元。

正是由于室内环境污染对员工和整个社会经济均会造成如此重大的损失，因此对室内环境质量的改善就成了一个迫切需要解决的问题。研究室内环境中各种污染物的毒理作用，如何对室内环境质量进行合理的评估，对室内环境污染采取何种有效的治理措施等问题成为近几十年有关专家研究的热点。

10. 为什么世界卫生组织确定甲醛为第一类致癌物？

早在 1995 年，甲醛就被世界卫生组织国际癌症研究机构（IARC）确定为可疑致癌物，2004 年甲醛被 IARC 确定为第一类致癌物（2004 年 6 月 IARC 在其 153 号出版物中公告，甲醛由第二类致癌物质升为第一类致癌物质。

公告中称这是来自 10 个国家的 26 位科学家对甲醛现有的致癌证据进行评价后得出的。他们认为，以前的结论——“第 2A 类致癌物质（很可能对人致癌）”是基于较少数量的研究，但新近对甲醛接触人员的研究资料已经增加了这方面的证据。专家认为，有足够的证据可以证明甲醛引起人类的鼻咽癌，这种癌症在发达国家比较少见；另外有限的证据证明，甲醛可引发鼻腔癌和鼻窦癌，并有强力的证据（但尚不够充分）证明甲醛可引发白血病。

2010 年 12 月 15 日，世界卫生组织（WHO）在

其总部瑞士日内瓦发布了一份《室内空气质量指南》。这是WHO首次公布对身体健康产生影响的室内空气有毒物质的量化标准，为世界各国制定相关法规提供了依据。

《室内空气质量指南》的发布在社会上引起关注，这是WHO欧洲地区办事处牵头搞的一个科研项目，全球60多名科学家参与到这个项目的研究。400多页的报告对室内空气当中9种污染物做了限定，甲醛污染被列入主要污染物质之中。报告中对室内环境中的甲醛污染给予了重视，提出室内空气中的甲醛含量的安全标准是每立方米中含量0.1 mg，超量或超时则会伤害肺部功能，并可能患上鼻咽癌或白血病。

11. 你知道我国室内环境甲醛污染状况吗？

解决甲醛污染问题是目前我国空气净化器行业面临的主要问题。从中国室内环境监测工作委员会调查看，目前80%的消费者购买净化器是为了解决甲醛污染问题。现在甲醛成为我们国家新装修房室内环境的主要污染物。我们在全国调查，新装修房的甲醛污染问题占到60%以上，每年有9 000万套新装修房，加上二次装修房，将近1亿套新装修房屋。解决由于建筑装饰装修和家具造成的甲醛污染问题，这是目前我国空气净化器行业面临的主要问题。

下面是近年来我国各地新装修家庭室内环境甲醛污染情况：

北京：中国室内环境监测工作委员会在北京检测的千户新装修家庭中，甲醛超标的占60%，甲醛浓度平均超过国家标准4倍。

青岛：青岛市产品质量监督检验所对85处住房进行空气质量检测，结果有70%的房子空气质量不合格，主要是甲醛超标引起空气污染。

南京：南京市室内环境监测中心对365户家庭室内空气所作的抽样监测显示，南京近2/3居民家中空气环境存在污染问题，以甲醛和苯为最主要的污染源，实测居室空气中甲醛超过国家标准7.5倍。

银川：银川市环境监测中心站在对市区174套住宅室内环境空气进行检测中发现，有六成住宅的甲醛超标，特别是新装修房屋内空气甲醛污染严重。

兰州：环保局室内空气质量监测室2003年前三个季度的检测结果表明，兰州市新近装修的居民住房中，96%的房间甲醛超标，最高超标超过8倍。

重庆：重庆市首次大规模对室内空气质量进行了调查、监测，发现全市60%的新房甲醛超标，不宜立即居住。

深圳：深圳市计量质量检测研究院2004年1月份～7月份，共对全市400多套房子进行了室内环境检测。检测结果表明，400多套房子中，90%甲醛超标。

沈阳：2005年6月中旬到7月初，对沈阳市内

的200户普通家庭和102户儿童居室进行了检测，检测结果为71%的家庭甲醛超标，这些家庭的室内污染物主要是甲醛。

上海：2007年随机抽查了近两百余户居民家庭，结果显示，有九成被测户的室内空气污染存在不同程度的甲醛超标；8成多存在TVOC有机挥发物浓度超标。

南昌：市疾病预防控制中心公共卫生监测所提供的最新数据表明，该市新装修家庭室内空气甲醛含量超标率高达72.5%。

根据2010年全国各地的质量监督、工商、环保和卫生部门的新装修房屋的室内环境甲醛污染检测，我国消费者的室内环境中的甲醛污染问题有上升趋势，见表1-2。

表1-2　室内环境中的甲醛污染超标状况

地区	检测户数/户	甲醛超标率/%
江苏省	3741	60.8
烟台市	78	100
南通市	708	58.05
南京市	25	60.78
石家庄市	100	84
沈阳市	257	78
长沙市	980	51
天津市	116	57
平　均	—	69.7

12. 室内环境中的甲醛污染的五大主要来源是什么?

目前我国城市写字楼和家庭室内环境中的甲醛污染,主要是由建筑材料、装修材料和家具产生的,主要来源于各种人造木板、涂料、胶黏剂、处理剂等化学建材类建筑材料产品。

多年来,由中国室内装饰协会室内环境监测委员会检测的数据分析得出,目前我国城乡居民家庭中的甲醛主要来源有以下 5 个方面:

(1) 来自于用作室内装饰的胶合板、细木工板、中密度纤维板、刨花板和复合地板等人造板材。因为甲醛具有较强的黏合性,还具有加强板材的硬度及防虫、防腐的功能,所以目前生产人造板使用的胶黏剂是以甲醛为主要成分的脲醛树脂,板材中残留的和未参与反应的甲醛会逐渐向周围环境释放,从而导致室内空气中甲醛含量超标。目前国家已经制定出了严格的控制标准,但是,由于施工的设计不合理,单位面积使用材料比较多,以及市场上还有不符合国家标准的材料等原因,目前这方面原因造成的室内环境甲醛污染占污染比例的 50%以上。2007 年 3 月上海市消保委发布的比较试验结果显示,有 7 种细木工板甲醛超标,占所有试验样品的 23.33%。

（2）来自于用人造板制造的家具。由于中国城市家庭装修逐渐趋于理性，人们改变了几年前的盲目装修的观念，轻装修、重装饰的观念已经被大家接受，人们在进行简单装修以后选择比较好的家具。这样使得个别家具生产厂家为了追求利润，使用不合格的板材，以及制造工艺不规范，使家具成了甲醛的污染源。北京市消费者协会进行过的一项比较试验结果显示：在北京抽取的60套中密度家具样板中，有29套甲醛超过了国家有关标准，不达标率高达48.23％。从我们目前检测调查看，家具造成的室内环境污染是目前我国城市家庭与建筑污染、装饰污染并列的室内环境污染的三大来源之一。不但有家庭卧室家具、客厅家具的污染，而且还有目前流行的厨房家具的污染，不但有各种人造板家具的污染，还有实木家具、布艺家具和塑料家具造成的污染。

（3）来自于含有甲醛成分的其他各类装饰材料，比如白乳胶、泡沫塑料、油漆和涂料等。北京市工商局2004年8月发布了建筑装饰材料质量监督抽查结果，并把56种不合格建材商品全部清出北京市场。水基型胶黏剂中的问题是甲醛超标。查处的7种乳胶胶黏剂中的问题全部是游离甲醛超标，其中有的乳胶胶黏剂标称不含甲醛，而实际甲醛含量

超标近5倍。乳胶胶黏剂在装饰装修中广泛用于木器工程和墙面处理方面，特别是封闭在墙面的乳胶中的甲醛很难清除。

（4）来自于室内装饰纺织品，包括床上用品、墙布、墙纸、化纤地毯、窗帘和布艺家具。在纺织生产中，为了增加抗皱性能、防水性能、防火性能，常加入一些含有甲醛的助剂，在使用时会释放出甲醛。2004年7月，国家质检总局抽查了149种床上用品，合格68种，抽样合格率只有45.6%，有的超标的产品中，实测甲醛含量竟是标准限量的近50倍。国家GB 18401—2001《纺织品甲醛含量的限定》规定，对直接接触皮肤的床上用品和室内（包括车、船、飞机）用品，如沙发套、床罩、壁布等甲醛含量有严格控制。GB 18401—2010《国家纺织产品基本安全技术规范》把室内装饰纺织品列入第三类甲醛控制纺织品（≤300 mg/kg）。

（5）来自于混凝土外加剂。室内环境监测中心在检测毛坯房时发现室内环境甲醛污染问题。在检测中发现，许多混凝土外加剂（减水剂）的主要成分是芳香族磺酸盐与甲醛的缩合物。如果在生产时合成工艺控制不当，产品很容易带有大量的游离甲醛，从而造成新房室内以及毛坯房室内空气中甲醛超标，应该引起广大消费者的注意。

13. 为什么要警惕甲醛超标引发儿童白血病?

甲醛是一种无色、有强烈刺激性气味的有害气体。可以说,在我们每个人的生活中都难以完全避开甲醛。家庭中甲醛主要来源于装饰材料,如胶合板、大芯板、纤维板、墙纸、油漆、涂料、人造板制造的家具以及免烫纺织品、天然气燃烧、吸烟等。

一般情况下,甲醛浓度如果达到 0.1 mg/m^3～2 mg/m^3,就会引起流泪,眼睛和鼻咽部烧灼感及恶心、咳嗽、气喘等急性症状;浓度达到 10 mg/m^3 以上时,可引起胸痛和呼吸困难;达到 50 mg/m^3 可导致肺炎和肺水肿。

有关室内甲醛超标的数字是触目惊心的。中国室内装饰协会室内环境监测中心检测的中国某地千户新装修家庭中，室内甲醛超标的占 60%，甲醛浓度平均超过国家标准（0.08 mg/m³）4 倍，最高超过 6 倍；国内其他地方也有类似的检测结果，甲醛已成为中国新装修家庭中的主要污染物。

甲醛与白血病的关系，许多流行病学调查有着不同的结论：2004 年美国职业安全和健康研究所调查了 11 039 名曾暴露于甲醛（浓度大于 0.18 mg/m³）3 个月以上的工人，发现有 15 名死于白血病，死亡比例略高于普通人群，因此推测甲醛可能与白血病发生有关。美国国立癌症研究所调查了 25 019 名工人，发现有 69 名死于白血病，相对危险度随着甲醛浓度的增高而增加，所以也认为甲醛可能引发白血病。

甲醛已经被世界卫生组织确定为第一类致癌物，并且认为甲醛与白血病发生之间存在着因果关系。世界卫生组织下属的国际癌症研究署在 2004 年 6 月将甲醛定为第一类致癌物。专家组认为目前已有足够的证据证实，甲醛可以导致人类鼻咽癌；有强力的但尚不够充分的证据证实，甲醛与白血病发生之间存在着因果关系。

从多年进行的室内环境检测和调查看，目前甲醛是我国新装修家庭中的主要污染物，60% 的新装修家庭存在着不同程度的甲醛污染问题。

由于儿童处于生长发育阶段，有不同于成年人的血液学特点，如儿童正处于成长过程中，造血功能不稳定，造血储备能力差；儿童造血器官易受感染，容易发生营养缺乏情况，身体的免疫力比成年人差等，是室内环境污染的高危人群，甲醛污染与儿童白血病之间的关系应该引起全社会的关注。

14. 你知道我国首例新房甲醛超标致人死亡案件吗？

2005 年 8 月 9 日，福建福州市马尾区法院宣判了我国首例由于新房装修造成甲醛超标致人死亡案件。由于装饰公司和地板销售公司为马尾区市民林先生装修的新房甲醛严重超标，林先生的 4 岁幼女在入住新房 8 个月后患白血病不治身亡，法院一审判决，两家公司承担同等连带责任，共同赔偿原告人民币 17 万多元。

2004 年 5 月，林先生将其位于福州市马尾区的新房以包工和部分包料的形式，承包给某装修公司进行装修。7 月 3 日，林先生将新房的地板装修工程包工包料发包给某地板贸易有限公司。8 月下旬，林先生夫妇与其 4 岁的女儿搬入新房。2005 年 6 月 11 日，林先生的女儿突然出现持续高烧、咳嗽等症状，经福建医科大学附属第一医院诊断为急性白血病，因治疗无效于 8 月 27 日死亡。

女儿被诊断出急性白血病后，林先生即委托市环境监测站监测新房中主卧空气。据该监测站于2005年7月22日作出的监测报告显示，新房装修一年后空气中的甲醛含量仍然严重超标，为每立方米0.39 mg，超过国家标准4倍。林先生认为两公司的装修行为严重污染了家中空气，直接导致女儿患病和死亡，林先生夫妇怒将该房子的装修公司及另一木地板经销公司告上法庭，索赔36万余元。

在该案的庭审中，林先生的代理律师以世界卫生组织的文件和中国室内环境监测委员会的特别警示为证据，世界卫生组织2004年6月15日就发布第153号新闻稿，把甲醛由原来的第二类致癌物质提升列为第一类致癌物质，并称："目前有强力的证据(但尚不够充分)证明甲醛可引发白血病。"此外，我国室内环境监测委员会也于2005年5月发布了特别警示，指出室内甲醛含量超标可引发白血病，并提醒家长注意由此引发的儿童白血病。

中国室内环境监测委员会宋广生主任分析认为，这是目前我国首例由于新房装修甲醛污染引发的儿童死亡案件。在目前消费者对室内环境污染越来越重视的情况下，这个案件的宣判更加具有典型意义。

15. 空气净化器与可吸入颗粒物污染有什么关系？

据世界卫生组织估计，空气污染每年大约造成

全球200万人早逝。这一负担的大多数由发展中国家的人民所承担。在很多城市中,可吸入颗粒物(主要来源是柴油车尾气、焚烧废弃物和其他类型的燃料)的年平均值超过70 μg/m³。2006年10月5日世界卫生组织在日内瓦发布了新的空气质量标准《关于颗粒物、臭氧、二氧化硫和二氧化氮的空气质量监测》提出,为了防止对健康造成损害,这些数值应低于20 μg/m³。

可吸入颗粒物增加是导致人类死亡率上升的重要原因之一。直径小于2.5 μm的颗粒物能长驱直入侵蚀肺泡,人们在吸入的飘尘中,一部分随呼吸排出体外,一部分沉积在肺泡上,沉积率随微粒的直径减少而增加。WHO相信,减少可吸入颗粒物的含量能够将受污染城市每年的死亡减少15%。

中国工程院院士钟南山认为,PM2.5的数值非常重要:"作为一个医生我知道,可入肺颗粒物可以直接进入肺泡,所以产生的影响就更大。美国在2006年作过204个城市的专访,发现PM2.5每立方米增加10 mg,心力衰竭的人数就增加1.2%。香港也在2005年做过研究,PM2.5每立方米增加10 mg,急性疾病的入院率增加1.94%,慢阻肺的入院率增加3.1%。我们的研究发现,遇到灰霾天气,病人的门诊数增加10%~15%。"

16. 为什么说减少空气中PM2.5有助延长人的寿命？

PM2.5是指大气中直径小于或等于2.5 μm的颗粒物，也称为可入肺颗粒物。它的直径还不到人的头发丝粗细的1/20。虽然PM2.5只是地球大气成分中含量很少的组分，但它对空气质量和能见度等有重要的影响。与较粗的大气颗粒物相比，PM2.5粒径小，富含大量的有毒、有害物质且在大气中的停留时间长、输送距离远，因而对人体健康和大气环境质量的影响更大。

气象专家和医学专家认为，由细颗粒物造成的灰霾天气对人体健康的危害甚至要比沙尘暴更大。粒径10 μm以上的颗粒物，会被挡在人的鼻子外面；粒径在2.5 μm～10 μm之间的颗粒物，能够进入上呼吸道，但部分可通过痰液等排出体外，另外也会被鼻腔内部的绒毛阻挡，对人体健康危害相对较小；而粒径在2.5 μm以下的细颗粒物，直径相当于人类头发的1/20大小，不易被阻挡。被吸入人体后会直接进入支气管，干扰肺部的气体交换，引发包括哮喘、支气管炎和心血管病等方面的疾病。

这些颗粒还可以通过支气管和肺泡进入血液，其中的有害气体、重金属等溶解在血液中，对人体健康的伤害更大。在欧盟国家中，PM2.5导致人们的平均寿命减少8.6个月。而PM2.5还可成为病毒

和细菌的载体，为呼吸道传染病的传播推波助澜。数据显示，美国的匹兹堡、布法罗和纽约市治理空气质量的效果最明显，空气污染值降至 0.014 mg/m^3，人均增寿约 10 个月。洛杉矶、印第安纳波利斯和圣路易斯的人均寿命增长约 5 个月。美国专家研究发现，每立方米空气中悬浮粒子每减少 10 μg，当地居民的人均寿命就可延长 7 个多月，这一发现可以证明空气质量的改善有益健康。

据中国环境质量报告书和世界资源报告提供的数据，中国空气质量超标的城市中，68%存在着可吸入颗粒物污染问题。

钟南山院士批评珠三角的空气污染，无论是不是有病，50 岁以上的人肺都是黑的。可吸入颗粒物是目前中国城市大气污染的首要污染物，尤其是直径小于 2.5 μm 的颗粒物污染问题十分严重。

17. 空气净化器行业与 PM2.5 污染监控有什么关系？

从 2011 年入秋以来，PM2.5 污染问题已经成为人们关心的一个话题，环境污染问题从来没有像现在这样引起了国务院总理和普通老百姓的共同关注，人们关注环境污染问题主要还是对环境污染与健康的关注。

环保部 2012 年 6 月发布了 GB 3095—2012《环境空气质量标准》，按要求，京津冀、珠三角、长三角

地区城市群和省会城市为首批实施地区，要在今年就完成PM2.5的监测和对外公布。2013年，113个环保重点城市实施新标准。2015年，所有地级以上城市开始实施新标准。2016年1月1日，全国开始实施新标准。

2012年5月24日环保部公布了《空气质量新标准第一阶段监测实施方案》，要求全国74个城市在2012年10月底前完成PM2.5“国控点”监测的试运行，2012年12月底前公布监测结果。北京市首批20个PM2.5监测站点在“十一”长假前上线试运行，并于10月2日监测出首个单站点24 h浓度值超过每立方米150 μg的超标天，PM10年均浓度超标20%。北京市环保监测中心负责人表示，从北京整体空气质量水平看，PM2.5浓度值超标在很长一段时间内会经常出现。

据报告，目前北京市大气中主要含有四项污染物：二氧化硫、二氧化氮、一氧化碳和可吸入颗粒物PM10。其中，前三项都已稳定达标，但可吸入颗粒物PM10的年均浓度从未达到过国家标准，仍超标20%左右。PM2.5是可吸入颗粒物PM10的一部分。PM10都从未达标，PM2.5的治理之路将更艰巨。有关研究和监测结果表明，北京市PM2.5和PM10之间的比例通常在0.5到0.6之间，即100 μg的PM10中，PM2.5的含量约为50 μg～60 μg。

根据环保部门整理的相关科研机构监测研究结论，北京市 PM2.5 年均浓度已由 2000 年的每立方米 100 μg～110 μg 降至 2010 年的每立方米 70 μg～80 μg，虽然目前趋势依旧在下降，但与即将颁布的新国标相比，PM2.5 年均浓度仍超标 1 倍。

清华大学环境与工程研究院院长郝吉明专家认为，目前，北京市 PM2.5 浓度要达到即将实施的新国标还有相当的难度，估计需要 10 年甚至更长的时间，单日出现超标将会成为常态。

有关空气污染的话题最近又被炒得沸沸扬扬，本来是秋高气爽的中秋国庆黄金周，期间北京空气 PM2.5 浓度直逼 300 $\mu g/m^3$，人们在经过一番无奈的议论后，更多的是从自身角度关注呼吸健康，市场上防护 PM2.5 产品热销，北京苏宁官方微博的销售数据显示，目前，一线城市各大卖场和商场内，以亚都、松下、美的、飞利浦、远大等为主的空气净化器、带有除尘杀菌功能的空调等全面热销。

18. PM2.5 污染监控对人们的家居环保观念有什么影响?

李克强副总理在第七次全国环保大会上指出："把 PM2.5 纳入空气质量常规监测指标，不仅是环境保护的一大进步，也是经济结构、消费模式的一大转折。"2011 年 12 月 30 日，国家环保部通过了《环境空气质量标准》。新修订的标准调整了污染物项

目及限值，增设了PM2.5平均浓度限值和臭氧8小时平均浓度限值，收紧了PM10、二氧化氮等污染物的浓度限值。

我国室内环保专家分析，国家加强对大气环境中的PM2.5污染监控，对社会发展的影响的不仅仅是环境保护部门。全社会对PM2.5污染问题的关注，会逐步影响到人们的家居生活的消费观念和我国的室内环保行业和家居家具行业经济结构发展。对人们的家居生活主要会造成以下五个方面的影响：

(1) 提高了全社会对环境污染危害性的认识。一次全民的PM2.5污染问题的大讨论改变了人们对环境污染危害的认识，比得上千千万万次的环境保护教育，比得上多年的环境保护科普教育，是一次空前的全民性的环境污染危害性的教育。一方面说明了环境污染问题引起了举国上下，国内国外媒体和社会舆论的关注。短短两个月的时间，引起上至国务院总理下至普通老百姓的共同关注。另一方面说明随着经济的发展和人民生活水平的提高，人民群众对提高生活水平和质量，保证环境与健康有了更多期盼和要求，对环境污染问题特别是环境污染与健康问题更加关注。

(2) 改变了对室内环境污染防控重要性的认识。从关注室内环境中的有害物质污染到关注室外进入室内环境中的大气环境中的有害物质污染。从

对室内环境甲醛污染问题的认识转变为污染问题更广泛的PM2.5污染的认识。从关注室内环境中的挥发性有机物污染到关注室外大气环境中的挥发性有机物污染。从注重解决装饰装修和家具污染问题转变为解决大气环境中的污染问题。

(3)改变了对室内环境污染净化治理的认识。从开窗通风换气净化室内空气污染到不开窗通风或者有选择的通风换气解决室内环境污染问题。从使用空气净化器除甲醛等化学性污染到采用空气净化器解决可吸入颗粒物污染问题。从安装简易的通风换气设备到选择具有高效过滤装置和热交换装置的健康环保节能的新风换气机。从简单的空气净化器、新风交换机到选择智能化物联网控制的室内空气质量系统。

(4)改变了对房屋装饰装修和消费观念消费行为的认识。从选择实木家具改变为选择无污染、少污染的人造板、麦秸板家具。从选择实木地板改变为竹地板、复合地板和强化复合地板。从装饰装修材料中的溶剂型油漆和胶黏剂改变为选择水性漆和胶黏剂。从选择装饰装修公司一砖一瓦的传统施工方式转变为集成化、工厂化和标准化的施工方式。从选择豪华装修大户型房屋改变为选择经济实用的小户型住房。甚至会改变人们的消费形式，从实体店销售逐渐转向网络销售。人们消费观念的改变，从追求奢华时尚的生活方式转变为低碳环保节能的

生活方式。

（5）改变了对居住环境和居住城市地区的选择标准认识。从交通方便购物方便的闹市区、交通路旁边到选择尽量远离闹市区，远离高速路和公路旁边的住宅。从选择低层住宅到选择污染问题少一些的高层住宅。从选择城市集中居住区到选择城市郊区和其他空气质量好的地区。从选择大城市到选择空气质量相对好一些的中小城市。

国家加强对大气环境中的 PM2.5 污染监控会大大提高全社会对室内环境污染问题的重视，大大提高了消费者采用空气净化器等产品解决室内环境污染问题的认识程度。

19. PM2.5的监控对空气净化器行业发展有什么影响？

国家加强对大气环境中的PM2.5污染的监测控制对家居行业发展，对室内装饰装修和家居行业的经济结构调整也会产生现实和深远的影响。

研究证明，在PM2.5的形成过程中，挥发性有机化合物（VOC）发挥了重要作用。VOC已成主要大气污染物之一，是空气能见度下降和灰霾天数增多的重要原因，而家具生产和装饰装修工程的涂装工序是工业VOC的重要排放源，为了控制PM2.5等环境污染问题，国家将逐步加强对环境中的挥发性有机物（VOC）污染进行控制。这些环境保护措施的实施，对我国室内环保产业、室内装饰装修和家具制造行业都会在短期和长时间里产生深远的影响。

（1）对空气净化器行业的影响。由于环境污染问题和人们的环保意识增强，我国的空气净化器产业会出现大规模高速度发展的局面，我们应该吸取2003年非典和2004年甲醛污染防控的经验教训，促进我国空气净化器产业健康发展。发展方向应该朝着多功能、智能化、人性化、规模化、规范化和加强延伸服务的方向发展。

（2）对新风交换机行业的影响。新风交换机由于其特有的健康、节能、环保特点，同时可以有效地

解决通风换气进入室内环境中的污染问题，会在行业发展的同时，一方面与房地产紧密相连，打造出更多的健康住宅、绿色住宅，真正实现了呼吸新鲜空气的目的，这需要进一步加强市场的引导和推广工作。另一方面，希望科研人员和企业开发出净化效果好、节能效率高、安装简单快捷和维护维修方便的新风换气设备。

(3) 对实木家具和地板等装饰材料行业的影响。解决实木家具、实木和实木复合地板以及木门等家居制品行业生产中使用的溶剂型油漆涂料和胶黏剂排放是目前国家环保部门真正进行的工作之一，广东省已经开始进行试点工作。家具厂工人的职业卫生安全是目前国家安监局主管的职业健康安全问题，主要是家具生产车间的油漆和粉尘污染问题。一种解决方式是对生产中释放到大气环境中的VOC进行净化治理，需要耗费一定量的资金支持。另一种方法是采用环保的水性漆，但是要采取与传统工艺不同的生产工艺，同样需要加大生产成本。预计中小型实木家具和木地板生产企业面临着危机，同时给人造板家具、复合地板和强化复合地板生产企业带来了发展机遇。

(4) 对油漆涂料行业发展的影响。油漆涂料行业是VOC排放的重点行业之一，据统计2010年我国涂料行业溶剂用量达到432.5万吨，占全国VOC排放总量的14.42%。由于室内装饰装修材料中的

溶剂型木器漆、溶剂型胶黏剂和有机内墙涂料都会增加污染物的排放，造成环境空气中的 VOC 和 PM2.5 污染的增加。解决油漆涂料污染问题的途径主要是研发生产和推广水性涂料，另一方面大力推广无污染的多功能无机内墙涂料和硅藻泥涂料。

(5) 对室内装饰装修行业的影响。发达国家多年前就禁止在室内装饰装修中使用溶剂型油漆涂料和胶黏剂，不仅可以减少装饰装修行业对大气环境污染，而且可以从源头上控制由于装饰装修造成的室内环境苯、甲苯、二甲苯和 VOC 污染问题，保障装修工人的职业卫生健康，杜绝装饰装修现场的火灾爆炸等安全事故。在装饰装修行业推广工厂化装修，集成化装修，不但可以有效地解决装修化学污染、粉尘污染和噪声污染问题，还可以有效地控制装饰装修质量，降低人工成本，降低装修污染，保障室内外环境安全健康。

PM2.5 的监控对促进我国空气净化器产业发展，对于采用空气净化器解决室内环境污染问题，保护人民群众的身体健康创造了新的发展机遇。

20. 什么是室内环境中的生物污染物？

生物污染又分为动物、植物和微生物污染。生物污染包括生命体本身、它们的脱落、代谢、排泄物及所携带微生物等。如居室内蚊、蝇、跳蚤、白蚁等都属生物污染，它们的卵、便、唾液、碎片及所携带微

生物也属生物污染。

人们把一部分对人类有致病性的微生物称为人类病原微生物，当空气中含有病原微生物时，可造成疾病传播，危害人类健康，如引起人类、动物、植物生病，使衣、食、住受到污染，降低质量等。

作为微生物感染症有肺炎、霍乱、疟疾、结核、肝炎等，占死亡原因的 80%。近年来，又出现了大量新的病症：非典型性肺炎、甲型流感、禽流感、艾滋病、爱博拉了血热，由黄色葡萄球菌引起的医院内感染、病原性大肠杆菌、博茨里奴斯菌、沙门杆菌引起的食物中毒等。

由于体积微小，微生物可以单独或附着于空气溶胶颗粒上较长时间悬浮在空气中并经空气传播。虽然空气中的致病微生物容易死亡，但因为空气中带有微生物的气溶胶粒子传播很快，人在室内活动的时间较长，接触频繁，可使病原微生物经空气传播，导致疾病。空气中常见的致病菌包括溶血性链球菌、金黄色葡萄球菌、脑膜炎双球菌、结核杆菌、百日咳杆菌、军团菌、炭疽杆菌、白喉杆菌、肺炎支原体、立克次氏体等。常见的致病性病毒包括流感病毒、麻疹病毒、腺病毒、水痘病毒、腮腺炎病毒、风疹病毒及部分肠病毒。近年来室内空气中真菌的污染及健康危害已引起广泛关注。

21. 日常生活中有哪些常见的生物污染？

室内环境中的生物污染包括细菌、真菌、过滤性病毒和尘螨等生物性污染物质。这类污染物种类繁多，且来自多种污染源头。从调查看，在目前写字楼和家庭中，可以引起人们的过敏性疾病及呼吸道疾病等健康损害的室内空气生物污染因子主要有以下几种：

（1）霉菌。霉菌是一种能够在温暖和潮湿环境中迅速繁殖的微生物，其中一些能够引起恶心、呕吐、腹痛等症状，严重的会导致呼吸道及肠道疾病，如哮喘、痢疾等。患者会因此精神萎靡不振，严重时则出现昏迷、血压下降等症状。

法国国家卫生与医学研究所专家的一项研究显示，在成年人中，各类霉菌导致的哮喘比花粉及动物皮毛过敏导致的哮喘要严重得多。研究人员对欧洲1 100多名成年哮喘患者的病例档案进行研究分析后发现，对霉菌过敏的患者罹患严重哮喘的可能比对其他物质过敏的患者高两倍。

（2）尘螨。尘螨是最常见的空气微小生物之一，是一种很小的节肢动物，肉眼是不易发现的。尘螨是引起过敏性疾病的罪魁祸首之一，室内空气中尘螨的数量与室内的温度、湿度和清洁程度相关。近年来，家庭装饰装修中广泛使用地毯、壁纸和各种软垫家具，特别是空调的普遍使用，为尘螨的繁殖提供了有利的条件，这也是近年来室内尘螨剧增的原因之一。

根据室内环境监测中心的监测数据看，铺地毯的房间尘螨密度远远高出其他地面，不洁空调吹送出来的螨虫至少在万只以上。尘螨对人体的害处主要是其产生的致敏源引起的。尘螨最典型的致敏作用是诱发哮喘。患过敏性皮炎的患者有相当一部分是由螨虫引起的。同时还可以引起过敏性鼻炎、过敏性皮炎、慢性荨麻疹等。上海医科大学医学螨类研究所温廷桓教授研究证明，螨虫对新生儿和儿童所带来的病痛和不适，甚至可能伴随其终身。

(3) 军团菌。目前已知军团菌是一类细菌，军团菌可寄生于天然淡水和人工管道水中，也可在土壤中生存。研究表明，军团菌可在自来水中存活约1年，在河水中存活约3个月。军团病的潜伏期为2天～20天。主要症状表现为发热、伴有寒颤、肌疼、头疼、咳嗽、胸痛、呼吸困难，病死率高达15%～20%，与一般肺炎不易鉴别。

我国的一项调查表明，军团病占成人肺部感染的11%，占小儿肺部感染的5.45%。军团病全年均可发生，以夏秋季为高峰，军团菌经空气的传播性很强，但目前尚未能证实人与人之间的传播。老年人、吸烟酗酒者以及免疫功能低下者易患此病。北京、南京、重庆、石家庄、唐山等地，近年都有军团病散发病例报告。某医院曾收治过两位肺炎患者，经血清学证实为博杰曼型军团菌引起。调查发现，由于新建楼房墙壁尚未干燥，冬天室内十分潮湿。室内空

气中溶胶雾飘浮，174 人中 66 人感染了军团菌。

（4）动物皮屑及具生物活性的物质。近年来，喂养宠物逐渐成为一些居民的嗜好。但是宠物皮屑及其产生的其他具生物活性物质，如毛、唾液、尿液等对空气的污染也会带来健康危害，主要是可以使人产生变态反应。

室内有宠物时，空气中变态反应原的含量增加。有宠物房屋内变应原的浓度可以是无宠物房屋内的 3～10 倍。据调查，普通人群中对猫、狗的变态反应原有过敏反应的大约有 15%。因而，喂养宠物的室内空气环境会使这部分人群的哮喘、过敏性鼻炎等变态反应性疾病发生率升高。

（5）可吸入颗粒物。由于可吸入颗粒物属于室内环境物理污染的范畴，所以以前人们并未认识到室内空气中可吸入颗粒物的危害，认为呼吸道疾病的传染是由于直接接触病人呼出的病菌的结果，与室内的可吸入颗粒物无关。后来研究发现，细菌可以附着于细小尘粒在空气中飘浮，这种细小尘粒被接触者吸入即可传染疾病，成为室内环境生物污染的载体。

22. 为什么空气净化器可以有效解决室内生物污染？

室内环境中的生物性污染物，主要是由于人在室内的活动使各种病原微生物进入空气中。当病人或病原体携带者将病原微生物排入空气中，可造成疾病流行。因此室内空气微生物质量问题越来越引起人们重视。病人和病原携带者咳嗽和喷嚏形成气溶胶将病原体排入空气中是造成室内空气污染的主要原因。咳嗽可使口腔唾液和鼻腔中的分泌物形成飞沫，较大的飞沫在蒸发之前降落到地面，较小的飞沫可在短时间内水分蒸发形成飞沫核，直径小于 1 μm 的飞沫核在空气中悬浮时间可达几小时。喷嚏时可将大量飞沫排入空气中，造成室内空气微生物污染。说话时也可形成飞沫并排入空气中。

一般病原微生物不能在空气中繁殖，因为太阳光照、温度、湿度、气体流动等因素不适于病原微生物的生存。但在室内，尤其是拥挤、通风不良、阴暗龌龊的空气中，可有较多的病原微生物，如结核杆菌、白喉杆菌、溶血性链球菌等，它们可在空气中短期存在，并造成疾病传播。居室中微生物量的多少，也是评价室内环境状况的一个重要指标。

具有杀菌消毒功能的空气净化器因为内部配置了臭氧和紫外线杀菌消毒技术，对室内环境中的各种细菌病毒都有很好的杀灭功能，可以起到净化室内空气中的生物污染的效果。同时具有高效过滤和静电吸附功能的空气净化器，在工作时不仅可以提高室内空气的洁净度，而且可以将空气中附着于可吸入颗粒物上的细菌及室内环境生物污染的载体的细小尘粒，吸附和净化，防止这种细小尘粒被接触者吸入而传染疾病。

国家卫生部发布 WS/T 367—2012《医疗机构消毒技术规范》中规定，医院室内Ⅱ类空气的消毒可选用静电吸附式空气消毒净化器。静电吸附式空气消毒净化器采用静电吸附原理，加以过滤系统，不仅可过滤和吸附空气中带菌的尘埃，也可吸附和杀灭微生物。在一个 20 m^2～30 m^2 的房间内，使用一台大型静电式空气消毒器，消毒 30 min 后，可达到国家卫生标准。在 2003 年的非典疫情肆虐的时候，我国一大批杀菌消毒功能的空气净化器起到了保护人民生命健康的作用，目前一些医疗卫生机构还大量使用具有杀菌消毒功能的空气净化器。

23. 室内环境生物污染防控的重要意义是什么？

随着人类物质生活的极大提高及社会的进步，人类对环境的要求越来越高。室内环境的污染不仅

影响居住的舒适度，而且严重影响人类的工作效率及生命健康。

(1) 室内环境生物污染危害严重。以前我们更多的关注室内环境中的建筑装饰装修和家具造成的化学性污染和放射性污染，以为室内环境生物污染就是搞好室内环境卫生、不乱吐痰等。实际上，室内环境生物污染给人类造成巨大的损害，对人类的生命健康及经济方面的损失，不亚于室内环境中的化学性和物理性污染。据统计，全球因空气污染导致的急性呼吸系统感染，每年便夺去大约 400 万名儿童的生命。在欧洲及北美，大约有 2 亿人仍然暴露在不安全的空气中。而全球范围内，这一数字达到惊人的 14 亿。特别是近年来的非典、禽流感和甲型流感的全球性爆发和流行，加深了人们对室内环境生物污染防控的重要性认识。

(2) 室内空气污染 21％是生物污染造成的。加拿大卫生组织调查显示，人们 68％的疾病都是与室内空气污染有关。空气微生物也是造成病态建筑综合征的主要原因之一。2003 年 3 月 1 日我国实施的第一部 GB/T 18883—2002《室内空气质量标准》把室内生物污染与化学及放射污染同时确定为室内空气中三大污染控制指标，一方面说明了生物污染对人体健康危害的严重性，另一方面也说明了国家对室内生物污染的重视。

(3) 室内空气生物污染是影响室内空气品质的

重要因素。室内空气中的生物污染主要包括细菌、真菌(包括真菌孢子)、花粉、病毒、生物体有机成分等。在这些生物污染因子中有一些细菌和病毒是人类呼吸道传染病的病原体,有些真菌(包括真菌孢子)、花粉和生物体有机成分则能够引起人的过敏反应。室内生物污染对人类的健康有着很大危害,能引起各种疾病,如各种呼吸道传染病、哮喘、建筑物综合征等。

迄今为止,已知的能引起呼吸道病毒感染的病毒就有200种之多,这些感染的发生绝大部分是在室内通过空气传播的,其症状可从隐性感染直到威胁生命。在世界许多发达国家里,由于室内生物污染造成的微生物疾病仍然是死亡的主要原因。近年来,肆虐全球的非典、禽流感和甲型流感再一次提醒人们:室内生物污染正在吞噬你的健康!室内环境生物污染对健康影响更加严重。

24. 空气净化器与儿童健康有什么关系?

每个人都想把下一代培养成健康、聪明的人才。培养要从幼儿开始,您可能十分关心幼儿的饮食、身体与智力,但是,您对幼儿园的室内空气质量是否十分关注?

幼儿园的室内环境正在被日益重视,室内环境污染对儿童健康伤害主要为:诱发儿童的血液性疾病；增加儿童哮喘病发病率；引发小儿心脏病与使儿童的智力大大降低。

全世界每年有 10 万人因室内空气污染而死于哮喘病，其中 35％为儿童哮喘病。我国儿童哮喘病患者高达 3 000 万。在新加坡，约五个孩子中就有一个患有气管炎，这个比率在世界上位于第四。空气中的可吸入颗粒物、花粉、螨虫、蟑螂碎片及其排泄物、化学污染物以及其他空气过敏物是引发儿童哮喘与其他呼吸道疾病的主要原因。

儿童的免疫能力低下，是弱势群体。幼儿园是儿童集中的场合。空气微生物传播的流行病、传染病在幼儿园时有发生。SARS、禽流感、甲型 H1N1 流感轮番向人类进攻，首先担忧的是缺乏抵抗能力的儿童。一种称为手足口病的传染病在全国许多城市蔓延，专门侵袭儿童，至今没有能够得到有效控制。

直面不断变换面目的室内环境污染问题，老是提倡的开窗通风、洗手等方法好像太缺乏创意与时代感了。空气净化器将成为孩子们健康的忠实的守护神，将一切危害儿童健康和安全的室内环境污染净化和清除。

25. 车用空气净化器大量需求的原因是什么？

车内环境污染问题引发了全社会的关注，与此

同时，车内空气净化器和车内空气净化成为解决车内环境污染问题的新行业。

为什么会出现全社会对车内环境污染问题的关注呢？中国室内环境监测工作委员会专家分析主要有以下原因：

（1）我国汽车工业发展和家庭汽车保有量快速提高。随着人们生活水平的不断提高，汽车进入家庭的步伐日益加快。2011 年，我国汽车产销仍保持了 1 800 万辆规模，截至 2011 年底，我国汽车保有量达到 10 579 万辆。随着汽车轻量化发展的潮流，车内的非金属材料越来越多地替代了传统的金属材料，由此带来了车内环境中的挥发性有机物（VOC）污染问题。人们在充分享受驾车乐趣的同时，却不知自己正长期与车内空气污染这个“无形杀手”相伴，车内空气污染问题与室内环境污染问题一样成为全社会关注的环境安全问题之一。

（2）车内环境污染的现状。2000 年北京市曾对 100 辆轿车进行检测，结果表明，90％的汽车存在车内空气质量问题；有关部门在广州市对 2 000 辆汽车进行为期 7 个月的车内空气质量检测也表明，92.5％的车辆存在车内空气质量问题。

（3）国家室内和车内环境标准的发布实施。为了提高我国汽车工业的发展能力和水平，加强对危害人民身体健康的车内环境污染的监控和管理，促进我国的汽车工业发展进步，2012 年 3 月 1 日，国家发布实施了 GB/T 27630—2011《乘用车内空气质量评价指南》，对于提高车内空气质量、推动我国汽车工业的发展进步和车内环保产品和技术的发展具有重要意义。目前，解决车内环境污染问题已经成为我国室内环保行业发展的一个重要方面，出现了一大批专业从事车内空气净化器，通过各种物理、化学和生物的方法，可以有效地控制车内环境污染问题。指南的发布实施可以推动我国车内空气净化产业的进一步发展，为解决车内环境污染问题提供可靠的保证。

（4）消费者环境保护意识的不断提高。车内环境问题逐步引起了全社会的关注。汽车作为人们出行的主要交通工具之一，人们在车内度过的时间正在不断增长，车内空气质量与人们的关系变得越来越紧密，甚至成为对人体健康产生影响的一个重要因素。同时消费者对汽车舒适性和感观的要求越来越高，汽车生产企业和装饰企业在设计、生产汽车和提供汽车装饰服务时，为适应消费者的要求，不断提高车内设施的装饰水平及车厢密闭性，使车内空气污染物更容易聚积而产生污染。

为了有效地解决车内环境污染问题，一大批车内空气净化器进入了市场，成为汽车消费者在购买新车以后必须选择的车内用品之一，车内空气净化器的相关行业标准正在制定中。

26. 为什么空气净化器可预防核电站核辐射污染？

2011年3月11日，日本当地时间14时46分，日本东北部海域发生里氏9.0级地震并引发海啸，地震造成日本福岛第一核电站1～4号机组发生核泄漏事故。核电站泄漏以后，大量的碘-131流入大海和空气，碘-131在自然条件下，会不停地释放对人体有害的α、β和γ射线。其中，γ射线主要是从外向内穿透人体，损伤组织器官。由于空气的不断流动，它的危害性并不大。而β和α射线主要在人体内部逞凶。只要有碘-131的地方，这两种射线就会不断攻击周围的细胞。就像是把火苗捏在手里手会烧伤一样，这种近距离的攻击会导致基因突变或细胞癌变，远比γ射线更危险。

由于碘-131是依附在空气尘埃、微粒上四处传播的，只要阻断它的来源——空气中的尘埃、微粒，就能阻止人体对它的吸收。因此，具备除尘、除微粒功能的空气净化器成为防御放射性污染的必备产品。日本、韩国在事件发生后，家家户户配备了空气净化器，一时间，空气净化器成为市场销售的热点，甚至出现了空气净化器脱销的现象。

空气净化器是预防放射性气溶胶污染的最好方法。实际上，除了核泄漏这样的非常事件可能造成的气溶胶危害外，室内室外的气溶胶无时无刻不在

侵蚀人们的肌体，危害人们的健康。空气中的气溶胶种类很多，包括尘埃、雾霾、吸烟烟雾、厨房油烟、铅尘、氡尘、微生物气溶胶、花粉、沙(煤)尘暴、气雾剂与环境激素等。这些污染物在局部地区或者一些特定的环境中，对人体健康产生严重的影响，有时候会形成多种气溶胶污染物协同作用。空气中的十二种气溶胶污染物包括：(1) 尘埃；(2) 雾霾；(3) 吸烟烟雾；(4) 厨房油烟；(5) 铅尘等金属气溶胶；(6) 核素气溶胶；(7) 氡尘；(8) 微生物气溶胶；(9) 花粉；(10) 沙(煤)尘暴；(11) 气雾剂；(12) 环境激素。

27. 为什么精密仪器室要应用空气净化器?

精密仪器的正常使用需要清洁的环境。许多进口的精密仪器在国外清洁的环境中可以连续正常使用 5 年以上，在我国许多空气污染城市使用，不到 1 年就出现故障。

美国仪器协会规定精密仪器使用环境的空气品质指标，这些指标包括细颗粒、细菌、二氧化硫、二氧化氮、二氧化碳等。细颗粒(PM10、PM2.5)会污染精密仪器的光学系统与计算机系统，损坏液压等机械零件。细菌，特别是真菌，会侵蚀音像资料与精密的零部件。二氧化硫、二氧化氮、二氧化碳是典型的酸性氧化物，其腐蚀作用足以大大缩短精密仪器的寿命。

精密仪器需要控制清洁度的场所包括机场与电厂的调度室、钢铁、有色、石化、石油等大型企业的中央控制室、银行钞票处理中心与营业大厅、公安法医检验中心的指纹检验、DNA 检验、指纹检验、痕迹检验等以及医院 CT、核磁共振、介入治疗、显微微创手术等医技科室、大专院校科研机构的中心实验室等。

使用高效的空气净化器用于精密仪器室，可以达到优于 1 万级洁净度，同时可以去除细菌、二氧化硫、二氧化氮等酸性腐蚀性气体，可以达到美国仪器协会颁布的 G7 标准。空气净化器被称为精密仪器的守护神。在精密仪器行业强调推广空气净化器，不仅能保证仪器使用的质量，而且能大大延长精密仪器的使用寿命，具有显著的经济效益。

二、空气净化器技术

28. 空气净化器的技术发展经历了几个阶段?

总结我国空气净化器的发展历程,大概经历了以下几个阶段:

第一代产品:高效过滤式空气净化器。这些以物理性能设计的净化器,具有过滤、吸附处理杂质等功能,可以有效地净化室内空气中的悬浮物和少数有害物质,对净化室内空气中的PM2.5效果明显。但是,对室内空气中由于装饰装修造成的化学性空气污染无法消除,对病原菌、病毒、微生物有一定的净化效果。

这类产品的缺点是在过滤和吸附过程中过滤材料会慢慢地饱和直至失去功效。所以要定期更换过滤材料,以免造成二次污染。目前市场上的大部分空气净化器都属于这一类型的产品。

第二代产品:静电复合式空气净化器。这类净化器有的是在第一代产品的物理性能的基础上,增加了静电除尘、电子集尘、负离子发生器、臭氧发生器灭菌等功能。这种多功能净化器不仅可以消烟除尘,而且具有消毒、杀菌、去异味和一氧化碳等有害

气体的功能。也有的单独选用静电吸附技术,存在着净化效果局限和不能有效地分解有机污染物的弊病,而且有的产品在工作中会产生臭氧的问题。

第三代产品:采用分子络合技术的空气净化器。它是将有毒气体注入水中,通过络合剂,促使有毒气体分子络合后溶于水,达到空气净化目的。分子络合技术已经达到了产品市场化的要求,且经过净化后的产物是二氧化碳和水,与活性炭相比,环保效果更为突出。

分子络合技术是目前投入市场的空气净化技术中最为领先的技术,特别是对解决由于装饰装修和家具造成的室内环境甲醛污染,效果比较明显。而且,这一类产品具有不需要更换过滤材料的特点。

第四代产品:采用常温催化技术、低温等离子技术和光催化等新技术的新一代净化器。这类产品可以在常温常压下使多种有害及异味气体分解成无害无味物质,由单纯的物理吸附转变为化学吸附,边吸附边分解,增加了吸附污染物的种类,提高了吸附效率和饱和容量,不产生二次污染,大大延长了吸附材料的使用寿命,是理想的全方位的空气净化器。

同时,一些空气净化器在控制系统上采用了先进的监控系统、电子显示系统和智能化控制系统,突出了空气净化器的外观设计,使得空气净化器成为消费者喜爱的新型家用电器。

29. 影响空气净化器净化效果有哪些主要因素?

从空气净化器的技术材料和使用条件来分析，影响空气净化器净化效果的主要因素有以下几个方面：

（1）空气净化器的过滤材料。空气净化器超强的净化效果来自于优质的滤材。通常使用的滤材存在种种局限，如无纺布、滤纸等既要保证很好的通透性，又要能有效过滤空气中的有害物质，二者很难兼顾；活性炭虽有很强的吸附能力，但很容易饱和，随着污染物的沉积，净化效果明显下降。

（2）空气净化器风机设计。高效的净化效率来自于强劲的进出风量。无论是哪一种净化方式，都需要空气经过净化装置，这就要求净化器拥有良好的空气循环，而风机是循环系统的能量来源，由于要降低噪声，因此市场上的多数净化器采用功率较低的风机，从而影响了净化效率。

（3）空气净化器的净化对象。空气净化器的材料大都是有针对性的净化，有的是具有净化吸附化学污染物的功能，对新装修和新家具的甲醛污染净化效果比较明显；有的是高效过滤功能，对可吸入颗粒物污染，特别是 PM2.5 净化功能显著。消费者只有根据自己室内环境污染情况，有针对性地选择空气净化器才能够得到好的净化效果。

(4) 空气净化器工作空间体积。不同的空气净化器由于风机和效能设计不同,适用于不同空间体积的房间。比如每小时风量在 120 m^3 以下的空气净化器在 20 m^2 以下的房间里面使用,净化效果最明显。

(5) 使用空气净化器净化房间的污染程度。室内环境污染物的浓度也是影响空气净化器净化效果的一个因素,特别是一些化学污染物的净化,如果室内环境中的污染物浓度特别高,比如在新装修和新家具的室内环境中,空气净化器里面的吸附材料容易吸附饱和,需要及时更换吸附材料。

虽然各种品牌的空气净化器中有多种不同的技术和介质,使它能够向用户提供清洁和安全的空气。但是从空气净化器主要构成分析,主要结构包括机箱外壳、过滤段、风道设计、电机、电源、液晶显示屏等。这些结构中,决定空气净化器使用寿命和净化效果的是过滤材料和吸附材料;决定空气净化器净化效能的是风机设计和风道设计;决定空气净化器的整体结构安全和噪声效果的是机箱外壳和电机;决定空气净化器使用方便和智能化的是监控系统和显示系统。

30. 空气净化器有哪些主要类型和功能?

目前,虽然市场上的空气净化器品类繁多,技术多样,按照空气净化器净化对象来区分,可以分为以

下三大类(见表 2-1)：

(1) 净化室内环境中的可吸入颗粒物污染类，包括 PM2.5 污染。

(2) 净化室内环境中的微生物污染类，主要采用了过滤、静电吸附、紫外线(激光)、臭氧、药物杀灭等技术，消除室内环境中的细菌、霉菌和病毒污染。

(3) 净化室内环境中的化学污染类，主要净化室内环境中甲醛、苯系物、TVOC、二氧化硫和二氧化氮等化学污染。

表 2-1 污染物种类及净化方法

污染物种类	举例	净化方法
可吸入颗粒物	PM10、PM2.5	过滤、静电、除尘
微生物污染物	细菌、真菌、病毒	过滤、静电吸附、紫外线(激光)、臭氧、药物
化学污染物	甲醛、苯系物、TVOC、二氧化硫、二氧化氮、恶臭	吸附、吸收、氧化、催化

按照空气净化器的净化污染物来区分，空气净化器可以分为除尘式室内空气净化器和除气式室内空气净化器。

(1)除尘式室内空气净化器主要是指以净化室内颗粒物为主体的空气净化器。按除尘方式又可分为过滤除尘式空气净化器、静电式室内空气净化器和机械式室内空气净化器。

过滤除尘式空气净化器主要是指用多孔性过滤

材料把悬浮在气流中的固体微粒或液体微粒截留而收集下来的空气净化器，这类空气净化器的除尘效率与除尘方式、粉尘粒径、浓度和处理风量有关。

（2）除气式室内空气净化器是指以去除室内空气中有害气体为主体的空气净化器，它的除气效率取决于除气材料及气体种类。

除气式空气净化器主要有物理吸附式空气净化器、化学式空气净化器、光催化分解法空气净化器、离子化法空气净化器和湿式除气法空气净化器等。

化学式空气净化器主要采用了中和法、氧化还原法和催化分解法来净化室内空气。

离子化法空气净化器一般都采用了电晕放电、等离子体和负离子技术。表 2-2 为空气净化器主要类型。

表 2-2　空气净化器主要类型

<table>
<tr><td rowspan="3">除尘式空气净化器</td><td>静电除尘式空气净化器</td></tr>
<tr><td>机械除尘式空气净化器</td></tr>
<tr><td>过滤除尘式空气净化器</td></tr>
<tr><td rowspan="6">除气式空气净化器</td><td>物理吸附式空气净化器</td></tr>
<tr><td>化学式空气净化器</td></tr>
<tr><td>光催化分解法空气净化器</td></tr>
<tr><td>离子化法空气净化器</td></tr>
<tr><td>遮盖法空气净化器</td></tr>
<tr><td>湿式除气法空气净化器</td></tr>
</table>

31. 空气净化器的净化技术、材料和方法有哪些？

目前空气净化器常用的空气净化技术有：低温非对称等离子体空气净化技术、吸附技术、负离子技术、负氧离子技术、分子络合技术、光触媒技术、TiO_2 技术、HEPA 高效过滤技术、静电集尘技术、活性氧技术等，见表 2-3。

表 2-3　常用空气净化器的净化技术、材料和净化方法

常用空气净化技术	低温非对称等离子体空气净化技术
	吸附技术
	负离子技术
	负氧离子技术
	分子络合技术
	光触媒技术
	TiO_2 技术
	HEPA 高效过滤技术
	静电集尘技术
	活性氧技术
材料	光触媒
	活性炭
	蜂窝炭
	合成纤维
	HEAP 高效材料
	负离子发生器
常用空气净化方法	过滤器过滤
	活性炭吸附
	纳米光催化降解 VOCs
	臭氧法
	紫外线照射法
	等离子体净化

常用的空气净化器材料技术主要有：光触媒、活

性炭、蜂窝炭、合成纤维、HEAP高效材料、负离子发生器等。目前国内市场现有的空气净化器多为复合型,即同时采用了多种净化技术和材料介质。

目前空气净化的方法主要有:过滤器过滤、活性炭吸附有害物质、纳米光催化降解VOCs、臭氧法、紫外线照射法、等离子体净化和其他净化技术。

32. 什么是主动式空气净化器?

一般的空气净化器属于主动式空气净化产品,通过电机带动风机使室内空气循环流动,被污染的空气通过机内的空气过滤器后将各种污染物清除或吸附,达到净化空气的目的。

主动式空气净化器具有净化效率高、净化速度快、净化效果全面,而且具有可流动使用的特点,不

仅能够过滤灰尘，还能净化空气中的有毒有害气体，杀灭空气中的浮游细菌，去除室内异味，改善室内的空气质量。与被动式空气净化器相比较不足的是消耗能源比较多，风量大的时候噪声比较高，需要经常更换过滤材料。

主动式空气净化器的净化方式对整个空间都会有净化效果，大多数有风机的空气净化器都属于这一类型。

33. 什么是被动式空气净化器?

被动式空气净化器一般是采用静电吸附技术的空气净化器，通常由高压产生电路负离子发生器、空气过滤器等系统组成。

被动式空气净化器由于没有风机和风扇，能源消耗比较低，不需要更换过滤材料，但是这种净化方式只对净化器周围的空气有净化效果，净化效率和净化效果不如主动式空气净化器。

另外，一些商家也设计并生产出了具有主被动复合特点的空气净化器，把主动式空气净化器和被动式空气净化器的特点两者相结合。

34. 什么是过滤式空气净化器?

过滤式空气净化器是最常用的空气净化设备。过滤式空气净化器主要用于去除空气中的颗粒污染物。一些有卫生要求的场合也常用过滤式空气净化

方式去除空气中的细菌。其除菌的原理是绝大多数细菌的直径在过滤器可以有效滤除的范围内。

目前，常用的过滤式空气净化器能够去除颗粒物的最小直径约 0.1 μm，因此，对直径小于细菌的病毒类微生物控制能力相对较差。过滤式空气净化器对气载分子态污染物，例如甲醛、苯系物、氨等是无效的。

过滤式空气净化器大都采用滤料，有表面式空气过滤器及采用填充料作为滤料的内部式过滤器。滤料有玻璃纤维、合成纤维、石棉纤维以及由这些制成的滤纸或滤布等。

35. 空气过滤器的原理是什么?

过滤式空气净化器的过滤机理主要包括筛分、惯性碰撞、拦截、扩散、静电及重力作用等。筛分是空气过滤器的主要滤尘机理。

(1) 重力效应。尘粒在纤维间运动时，由于尘粒本身的重力作用产生脱离流线的位移，沉降到纤维表面上。这种效应只有在尘粒粒径较大(大于 5 μm) 时才能发挥作用，而对于粒径小于 0.5 μm 的尘粒，由于气流通过纤维过滤器特别是滤纸过滤器的时间远小于 1 s，来不及沉降到纤维上时已通过纤维层，故尘粒粒径较小时将不会发挥其效应。

(2) 惯性效应。当尘粒随气流运动，逼迫纤维滤料时，尘粒受惯性力作用，来不及随气流转弯而仍

向前直进，便与纤维碰撞而被捕集。这种效应的大小随着尘粒粒径和过滤风速的增加而增加。

（3）扩散效应。由于气体分子的布朗运动，空气中的细微尘粒（小于 1 μm）也随之运动，当尘粒围绕纵横交织的纤维表面作布朗运动时，便会因扩散作用，有可能与极细的纤维接触而附着在纤维上。尘粒越小，过滤速度越低，扩散作用越明显。一般在常温下，0.1 μm 的微粒每秒钟的扩散距离达 17 μm，比纤维间距大几倍到几十倍，这会使尘粒的扩散效应增大；但大于 3 μm 的微粒其布朗运动减弱，扩散作用不显著。

（4）拦截效应（或接触阻留效应）。对于非常小的尘粒（亚微米范围）可认为无惯性，它随着气流流线运动，当流线紧靠细微纤维的表面时，尘粒与纤维表面发生接触而被阻留下来。接触作用实际上常常同惯性作用同时并存，或在低速时与扩散作用并存。此外，尘粒大于纤维网眼而被阻留的现象又称为筛滤作用。

（5）静电效应。即含尘气流通过纤维层时，由于气流摩擦而使尘粒荷电，增加了纤维吸附尘粒的能力。静电作用与纤维的材料性能有关。

36. 什么是空气净化器的 HEPA 过滤技术？

HEPA 是高效率空气微粒滤芯（high efficiency

particulate air filter)的英文缩写，它是一种国际公认最好的高效滤材，HEPA 由非常细小的有机纤维交织而成，对微粒的捕捉能力较强，孔径微小，吸附容量大，净化效率高，并具备吸水性，针对 0.3 μm 的粒子净化率为 99.97%。

HEPA 高效率微粒滤网展开后面积比折叠时增加约 14.5 倍，它的滤净效能与其表面积成正比。因此，它的过滤可吸入颗粒物的效果是非常明显的！

如果用 HEPA 过滤器过滤香烟，那么过滤的效果几乎可以达到 100%，因为香烟中的颗粒物大小介于 0.5 μm～2 μm 之间，无法通过 HEPA 过滤膜。

HEPA 过滤器最初是以商业、工业和医院用途而设计的，特别是应用于核能研究防护，逐步应用于精密实验室、医药生产、原子研究和外科手术等需要高洁净度的场所。现在 HEPA 过滤器已经成为大多数空气净化器选择的净化材料。

这种净化方式缺点是过滤材料容易饱和，同时这种材料对室内环境中的化学性污染没有净化功能。

37. 什么是物理吸附式空气净化器？

吸附是一种固体表面现象，固体表面由于存在着一种未平衡的分子间引力或称为化学键，而使通过的气体被吸引并保持在固体表面上的现象，称为

吸附。吸附可分为物理吸附和化学吸附。物理吸附是吸附剂与气态污染物以分子间作用力或者称范德华力为主的吸附，化学吸附则是吸附剂与气态污染物以分子间的化学键为主的吸附。

具有吸附作用的固体称为吸附剂。吸附剂大多采用比表面积较大的多孔性固体。活性炭、硅胶、天然沸石、活性白土等是常用的吸附剂。

吸附剂所具有的较大的比表面积对废气中所含的 VOC 等有机气体进行吸附，此吸附多为物理吸附，过程可逆；吸附达饱和后，可以用水蒸气脱附，再生的活性炭循环使用。

物理吸附式净化器利用活性炭类具有的高比表面积、高密度孔率吸附材料对有害气体进行吸附。活性炭具有良好的吸附性能，它们对室内气体的吸附属物理性吸附，是一种广谱吸附剂，可吸附大多数气态污染物，因而吸附很快达到饱和，吸附一旦达到饱和，稳定性很差，容易脱附，要求经常更换滤芯。如果要延长活性炭更换周期，须加大活性炭的用量，增加厚度，又会造成设备阻力增大，降低净化器的净化能力。

物理吸附的主要特征为：

（1）吸附质和吸附剂之间不发生化学反应；

（2）对所吸附的气体选择性不强；

（3）吸附过程快，参与吸附的各相之间瞬间达到平衡；

(4) 吸附过程为低放热反应过程，放热量比相应气体的液化潜热稍大；

(5) 吸附剂与吸附质间的吸附力不强，在条件改变时可脱附。

38. 什么是化学吸附式空气净化器？

化学吸附是指由吸附剂表面与气体分子的化学键力导致的吸附。由于在吸附过程中，产生了化学键破坏或更新结合的化学反应过程，因此吸附过程一般是不可逆的。

化学吸附式空气净化器是采用以活性炭、氧化铝和分子筛等作为载体，浸渍某些活性化学物质或与这些化学物质混合，经过一定工艺处理成形以后制成的复合净化材料，通过空气净化器的风机风扇使室内环境中的有害物质与其接触，对多种挥发性有机物起到催化分解、中和及吸附作用的独立式或者复合式的空气净化器。

用分子筛和经过改性处理的活性炭进行吸附，因属于化学性吸附，可以取得较好的效果，其吸附方式属化学性吸附，因而吸附稳定不易脱附和传播。尤其是改性活性炭，可以对室内空气中不同特性的有害物质，选择性吸附净化，去除这些空气污染物的效果更加显著。污染物浓度低时，去除效果也很好，环境温度变化不会引起已经吸附的污染物脱附，可在温度低于 80 ℃，相对湿度小于 85%下使用，使用

寿命长，吸附剂可以根据室内空气中有害气体的浓度确定更换周期。

39. 化学吸附式空气净化器主要采用哪些技术方法？

从目前空气净化器行业发展应用来看，化学吸附式空气净化器主要采用以下三种技术方法：

(1) 中和法。中和法是利用气体与吸附剂发生中和反应从而达到去除室内有害气体的方法。例如，用碱性物质可去除空气中的二氧化碳，用酸性物质可去除空气中的氨气。其优点是吸附牢固、反应不可逆，缺点是消耗试剂较多，使用寿命较短。

(2) 氧化法。氧化法是利用臭氧、次氯酸钠和高锰酸钾等氧化剂与空气中的二氧化硫、硫化氢、硫醇和氢氧化物等发生化学作用，从而把这些污染物从空气中去除。其优点是可去除空气中的许多有害气体和臭气，对二氧化硫、氮氧化物的去除效率可达50％～60％，反应不可逆。缺点是消耗试剂较多，过剩的氧化剂容易造成二次污染。

(3) 催化法。催化法是用含有钯等催化剂的复合净化材料，把空气中的有害气体进行催化氧化，生成对人体无害或危害很小的物质。例如，将一氧化碳催化氧化为二氧化碳，把臭氧催化分解为氧气。其优点是在常温下或较低的温度下可以去除许多有害气体，并且可以用于污染物浓度较高的场合。缺点是空气中不允许有使催化剂本身发生反应的物质，并且催化剂的价格也比较贵。

由于化学式空气净化器能够有效解决我国目前普遍存在建筑装饰装修和家具造成的甲醛等化学污染问题，其已经被广泛用于去除室内空气中有害气体的场合。

40. 空气净化器净化原理是什么？

目前市场上的大多数过滤式空气净化器的工作原理基本上有两类，一种是利用风机为动力，净化器工作时形成了室内空气在空气净化器中的流动，当室内空气通过风机的工作在空气净化器中的过滤材料通过时，把空气中的污染物过滤吸附在净化材料上面。如同我们在家庭养殖观赏鱼的鱼缸过滤水的装置一样。

这种空气净化器是利用多孔性过滤材料，如无纺布、滤纸、纤维、泡沫棉等（目前过滤能力最强的当数 HEPA 高密度空气滤材），过滤空气中的悬浮颗粒，吸附过滤材料把空气中的尘埃等物质吸附在过滤材料上面，然后人们通过清洗或者更换过滤材料清除空气净化器中的污染物。与吸尘器的工作原理基本相同。

市场上还有一种空气净化器是在第一种净化器的净化原理的基础上，为了有效地净化室内环境中的化学污染物，在空气净化器的过滤材料上面附着

上能够中和室内环境中的某种化学污染物的化学物质或者贵金属，利用化学中和的原理把空气中的化学污染物有害物质分解成为无害物质。

为了保证空气净化器的净化效果和使用寿命，一般的空气净化器都设计了多重过滤装置。一般的有初过滤装置，主要过滤空气中的粒径比较大的浮尘、动物毛发等；同时在初过滤装置后面设计安装了高效过滤装置，保证可以过滤粒径在 0.3 μm 以下的颗粒物。

另一种是利用高压静电吸附的原理，让空气净化器中的电极放电，使空气中的空气产生正负电子以后净化空气中的可吸入颗粒物。由于这种空气净化器一般不需要风机，我们称为被动式空气净化器。

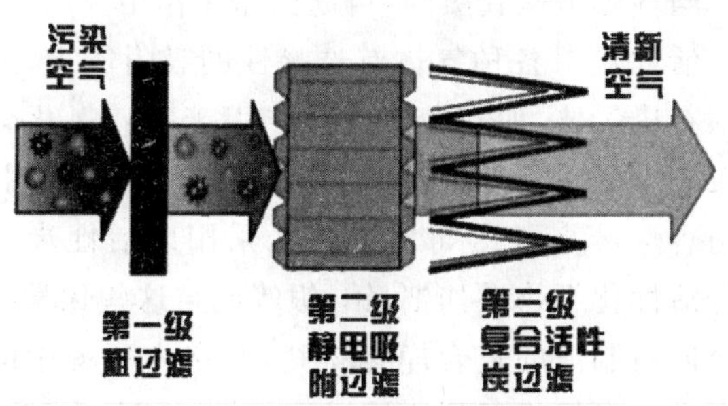

图 2-1　空气净化器净化原理示意图

41. 空气净化器里面为什么使用活性炭？

空气净化器中的高效吸附材料能吸附室内装饰装修和家具造成的挥发性有机物和其他污染物，是

目前空气净化器中使用的一种比较有效而又简单的消除技术。去除空气中有害气体，例如甲醛、氨、一氧化碳、苯、VOC 等，应采用吸附的方法。目前，最成熟的吸附材料是活性炭，其他的吸附剂还有海泡石，沸石、分子筛等。

活性炭是一种黑色无定形粒状物或细微粉末。按照材质分类可分为椰壳活性炭、果壳活性炭、木质活性炭、煤质活性炭等。活性炭炭粒有很高的比表面积，具有丰富的微孔，具有很强的吸附能力，由于炭粒的表面积很大，所以能与气体充分接触，也就是具有较大的吸附容量。每克活性炭的总表面积可达 500 m^2～1 000 m^2，活性炭纤维可达 1 500 m^2 以上。当气体被微孔吸附，可起到净化作用。

活性炭对各种气体有选择性的吸附能力，适宜吸附有机气体，如对苯、甲苯、二甲苯和四氯化碳等具有较大的吸附容量，对苯类吸附的效果最为明显，吸附容量最高可达 50%左右。采用以活性炭浸渍某些活性化学物质如钯、铂、银等或与这些化学物质混合以后制成的复合净化材料，对室内环境中的多种挥发性有机物起到比较好的催化、分解、中和及吸附作用。

一些空气净化器的过滤器滤网中的活性炭由竹炭、煤制炭和椰壳炭经特殊处理制成，并被压成圆柱体状，在不妨碍空气流通的前提下，让活性炭表面接

触尽可能多化学污染物，活性炭拥有超大吸附面积，可以有效地提高空气净化器的净化能力。商业化活性炭有粒状活性炭和活性炭纤维两种，它们的吸附原理和工艺流程完全相同。

但是活性炭只能暂时吸附一定的污染物，吸附饱和以后，所吸附的污染物就有可能游离出来，再次进入呼吸空间造成二次污染。所以这一类空气净化器要注意经常更换过滤材料，避免吸附饱和。

42. 活性炭吸附常见气体污染物的吸附容量是多少？

活性炭吸附几种常见气体污染物的吸附容量，由大至小的排列顺序：苯、甲苯、酚＞丙酮、氯＞甲醛、氨、二氧化硫＞一氧化碳、二氧化碳。

在正常的环境条件下，活性炭对一氧化碳和二氧化碳没有吸附效果；对甲醛、氨、二氧化硫也几乎不吸附，或者很低；硫化氢（H_2S）的吸附容量仅为1%；对丙酮、氯的饱和吸附量约10%～25%；对苯、甲苯、酚的饱和吸附量约20%～50%。

现在一些空气净化器里面使用的除甲醛活性炭过滤网外大部分是经过改性后，在活性炭材料里面加入可以与甲醛等污染物发生反应的材料，它们可以有选择地吸附室内环境中的有害物质。

43. 活性炭纤维在空气净化器中的作用是什么？

活性炭纤维（ACF）也叫做纤维状活性炭，是直径为 10 μm～30 μm 的纤维状的炭材料，活性炭纤维是由纤维素基、聚丙烯腈（PAN）基、酚醛基、沥青基纤维状前驱体，经一定的程序炭化活化而成。它可加工成毡、布、纸等不同的形状，方便用于制作空气净化器的吸附材料。是性能优于活性炭的高效活性吸附材料。

活性炭纤维比活性炭比表面积大、吸脱附速率快、吸附效率高、吸附容量较大。比表面积可达 2 000 m^2/g，苯吸附量为 50%，吸碘值为 1 500 mg/g。活性炭纤维广泛用于去除苯、甲苯、二甲苯等有害有毒气体，净化空气。

活性炭纤维通过孔隙结构控制和表面化学改性，提高对特定物质的高效吸附功能。表面化学改性主要改变活性炭纤维的表面酸、碱性，引入或除去某些表面官能团。

在活性炭纤维制作过程中，掺杂一些活性化学物质，如铂、银、铜等，提高去除气体污染物的能力和抗菌作用。将锰、铜担持在活性炭纤维上作为净化材料，可有效地催化氧化去除空气中的硫化氢。

$$2H_2S+O_2 \xrightarrow{\text{Mn、Cu}} 2S+2H_2O$$

活性炭纤维用于室内空气净化，去除空气中的VOC和臭气物质方面，有着广阔的应用前景。自1962年美国申请首篇专利，以及随后美国橡树岭国家实验室(ORNL)使用活性炭纤维过滤放射性碘辐射以来，活性炭纤维的研究和应用得到快速发展。

44. 什么是静电吸附式空气净化器？

静电吸附式室内空气净化器，主要是指利用阳极电晕放电原理，使气流中的微粒带电荷后，借助库仑力的作用将带电粒子捕集在集尘装置上的空气净化器。

静电除尘式空气净化器一般由离子化装置、集尘装置和电源等部分构成。

离子化装置采用阳极电晕放电产生正离子，目的是使尘粉迅速而有效地带上正电荷。用阳极电晕放电，并用细金属丝制作放电电极，这样可以减少臭氧发生量，避免产生二次污染。但极间施加电压，一般不超过12 kV，以4 kV/cm左右为宜。

集尘装置使带电尘粒从下气流电场通过，迅速地被吸附在负极上。采用金属平板电极结构时，施加的电压略低于离子化电压。粒径为1 μm尘粒向集尘极迁移速度为25 mm/s。它的除尘效率较高，能捕集0.01 μm～0.1 μm微粒，压力损失小。

静电空气过滤器为国外应用较多的高性能空气过滤器，广泛应用于大气环境污染和室内环境污染净化。

45. 静电吸附式空气净化器有什么特点？

静电式空气净化器是在工业静电除尘器的基础上发展起来的室内空气净化设备，现在大量被用于各种室内场合，特别在管道式空调与新风净化系统中已成为最常用的空气净化设备之一。近年来，在独立式空气净化器中也得到了大量推广和利用。

工业静电除尘器已有100多年的发展历史，是一种成熟的高效除尘手段。它是利用电晕放电使气体中的尘粒带电，然后借助库仑力的作用将带电的微粒捕集在收尘极的极板上而达到除尘的目的，也称为电过滤器。

与过滤式空气净化设备相仿，静电式空气净化器也主要用于去除空气中的颗粒污染物。与过滤式净化设备不同的是，静电式空气净化设备去除颗粒物的直径可以小至0.01 μm，因此，可以有效去除大多数病毒类微生物。静电吸附式空气消毒洁净器作为医院规范的空气消毒设备，广泛应用于医院、公共场所、企事业办公室等场合。

(1) 静电除尘：能过滤比细胞还小的灰尘、烟雾和细菌，防止肺病、肺癌肝癌等疾病。空气里对人体最有害的是小于2.5 μm的灰尘，因其能穿透细胞，进入血液。

普通净化机采用滤纸来过滤空气中的灰尘，极易堵塞滤孔，灰尘越积越多，不仅没有灭菌效果，而且容易造成二次污染。

(2) 静电灭菌：静电钨丝释放 6 000 V 高压静电，能瞬间完全杀灭寄附在灰尘上的细菌、病毒，防止感冒、传染病等疾病。其灭菌机理是破坏细菌衣壳蛋白的 4 条多肽链，并使 RNA 受损。

静电式空气净化器工作时，由于电晕放电可能会产生过量的臭氧与其他气体污染物。用于室内空气净化的静电式空气净化设备与工业静电除尘器最根本的区别就是前者必须有有效控制臭氧与其他气体污染物的措施。

同时独立的静电式空气净化器对气载分子态污染物，例如甲醛、苯系物、氨等是无效的。

随着我国室内空气污染问题日益突出，科研人员将工业除尘技术应用到民用室内空气净化，取得了良好效果，为我国电除尘器的使用提供了十分广阔的前景，市场容量大，经济前景喜人。

46. 静电吸附式空气净化器的工作过程是什么？

静电吸附式空气净化器的工作过程大致分为电晕放电、尘粒荷电、电场迁移、极板收尘四个过程。

(1) 电晕放电。当放电极加上正高压后，周围空气被电离并形成电晕区，靠近高压电极的正离子被强电场有力地加速，通过碰撞电离而形成电子雪崩。电子雪崩后产生了大量的高能离子。负离子趋向邻近的正极，正离子则将沿着电场电力线的方向通过电场区趋向接地的负极。

(2) 尘粒荷电。正离子在电场的作用下，向负极(接地极)移动。一部分遇到气流中的尘粒，使尘粒荷电，另一部分则直接移向正极。

(3) 电场迁移。强迫带正电的尘粒会在电场力的作用下产生一个指向接地负极的速度，这个速度称为粒子驱进速度。带正电的尘粒会改变原来的运动方向，而沿着气流速度与驱进速度两个速度的合速度方向运动直至到达接地极板。

(4) 极板收尘。在接地极(收尘极)极板上，强迫带上正电的尘粒将变成中性而停留在极板上，从而完成了从空气中除去尘粒的过程。附着在收尘极板上粉尘沉积层达到一定的厚度时，会影响电场工作的效率，收尘极板上的粉尘有可能被气流吹落产生二次扬尘而带回空气中，此时，可以将收极板电场部件取出清洗或者更换新的，一般 1 周～2 周清洗 1 次。为了增加集尘量，可与袋式集尘器组合，延长清洗周期。

47. 什么是负离子净化技术?

负离子是空气中一种带负电荷的气体离子，负离子虽然看不到，但一点儿都不神秘。大气中的气

体分子在受到外力的作用时，会因为产生电离而失去或者得到电子，失去电子的为正离子，得到电子的为负离子。宇宙射线、紫外线辐射、瀑布、喷泉或者海浪的冲击，都可能产生空气离子。

由于空气分子在高压或强射线的作用下被电离所产生的自由电子大部分被氧气所获得，因而，常常把空气负离子统称为“负氧离子”。

在海边、森林里，空气中负离子的浓度明显增高。在繁华的城市中，空气中的尘埃粒子大量吸附了空气离子，空气中的负离子数量急剧减少。装有空调设备的室内，由于室内空气在空调机的作用下反复多次循环，负离子消失殆尽，相反室内空气中的正离子会明显增多。

(1) 负离子的空气净化作用(从宏观上说，负离子只增加空气清新感，没有显著的净化作用)。空气负离子能还原来自大气的污染物质、氮氧化物、香烟等产生的活性氧(氧自由基)，减少过多活性氧对人体的危害；中和带正电的空气飘尘无电荷后沉降，使空气得到净化。空气的离子化是空气净化技术研究的一个重要方面。

(2) 提高空气品质作用。许多研究人员采用各种人工的方法来发生空气离子。采用高压电晕放电的方法产生空气离子是最常用的方法。人工产生的负离子浓度可以达到 106 个/cm^3。该浓度目前被公认为衡量空气品质的一个指标。

（3）空气离子的降尘作用。空气中的离子很容易与尘埃粒子结合。带电的尘埃粒子又能吸附其他中性的尘埃粒子。这就是粒子的凝并作用。空气中细小直径的悬浮粒子经过凝并能成为较大颗粒的粒子，然后依靠重力缓慢地沉降下来。负离子与正离子相比，其质量更小，活性更大，运动速度更快，因此降尘效果更为明显。所以，从某种角度来讲，空气中悬浮的尘埃粒子确实是减少了。

（4）对细菌的抑制作用。在医学上已经证明，负离子对人体的细胞有作用。同样，负离子对细菌也有作用。有人做过试验，每立方厘米中负离子个数达到100个以上，就能抑制细菌的生长。有人向烧伤病人的伤患处发射负离子，可以达到物理消毒的效果。负离子能沉降空气中的尘埃粒子，因为尘埃粒子是细菌的载体，因此在尘埃粒子沉降的过程中会同时带走一部分细菌。

从空气净化的原理上讲，负离子发生器不能净化污染物，但是可增加空气的清新感，洁净的空气中有适量的负离子，已成了空气质量好坏的重要指标。

48. 什么是等离子空气净化器？

等离子体技术是近10年开发用于工业除硫脱硝的新技术，具有节约能源和高效率的优点。近年，这项技术已经被移植用于净化室内空气污染物。它是利用电晕放电产生等离子体，激活有害气体分子，

如 O_3、CO、NO_2 等进行定向反应而去除室内空气中的有害气体。等离子体还具有杀灭一些孢子、杆菌和霉菌等功能。而等离子体技术中的电晕放电被广泛用于室内除臭脱臭。

等离子体是一种聚集态物质，它有别于常识中的固、液、气三态物质，是物质的第四态，其所拥有的高能电子同空气中的分子碰撞时会发生一系列基元物化反应，并在反应过程中产生多种活性自由基和生态氧，即臭氧分解而产生的原子氧。活性自由基可以有效地破坏各种病毒、细菌中的核酸、蛋白质，使其不能进行正常的代谢和生物合成，从而致其死亡。而生态氧能迅速将多种高分子异味气体分解或还原为低分子无害物质。另外，借助等离子体中的离子与物体的凝聚作用，可以对小至亚微米级的细微颗粒物进行有效的收集。

等离子空气净化器是一种对室内空气杀菌消毒型的空气净化装置，同时它也能去除空气中的可吸入颗粒物和多种生物异味。

等离子空气净化器在工作时会产生臭氧，由臭氧分解出生态氧，而臭氧是一种公认的高效空气杀菌剂，但达到一定浓度时对人体也有害，不仅有臭味，也可能致癌。我国 GB/T 18883—2002《室内空气质量标准》中规定臭氧的浓度限值为 0.16 mg/m^3。现在有许多等离子空气净化器采用了间歇释放等量臭氧和负离子的先进技术，由于臭氧的释放是间歇性的，并且释放的时间很短，因此可以做到既能持续杀死细菌、病毒，又使空气中的臭氧浓度保持在安全水平内，因此一般不会对人体造成什么危害。

49. 什么是低温等离子体净化技术?

等离子体是处于第四种存在状态的物质，是由电子、离子、原子、分子和自由基等粒子组成的集合体，具有宏观尺度的电中性和高导电性。等离子体中的离子、电子和激发态原子都是极活泼的反应性物种，使通常条件下难以进行或速度很慢的反应变得十分快。

脉冲电晕等离子体化学处理技术是20世纪80年代发展起来的一种空气污染控制新技术。利用高能电子轰击反应器中的气体分子，经过激活、分解和电离等过程产生氧化能力很强的自由基、原子氧和臭氧等，这些强氧化物质可迅速氧化掉 NO_x 和 SO_2。

低温等离子体从宏观上看，是电荷呈中性的电离气体。凡对物质施加能量后，使其形态发生变化，从固体到液体再到气体；如再施加能量，最终能使气体的分子及其原子成为电离状态，这就是物质的第四态，即等离子状态。这种等离子体，即使气体压力很低，其电子温度仍很高，当其他粒子（如离子、中性粒子）的温度较低时，这种状态的等离子体就是低温等离子体。

低温等离子体净化器的基本原理其实就是传统的静电过滤器或者静电除尘器。人们最早发现其具有预荷电集尘作用，主要是利用等离子体中的大量电子和正负离子来发生作用。这些粒子与空气中的颗粒发生非弹性碰撞，附着在上面，使之称为荷电粒子，这些荷电粒子在外加电场的作用下向集尘极迁移，最终沉积在集尘极上，这是一个物理过程，对于悬浮在空气中直径小于 100 μm 的总悬浮颗粒物(TSP)和直径小于 10 μm 的可吸入颗粒物(PM10)能产生较好的净化效果。

50. 你知道低温等离子体净化技术的发展前景吗?

近年来，低温等离子体净化的技术与功能又有了新的发展。脉冲电晕等离子体净化有机物甲苯技术是一种物理与化学相结合的新方法，其基本原理是利用脉冲放电形成非平衡等离子体，产生大量高能活性粒子，其中电子与甲苯分子碰撞；当电子具有的动能高于苯环中 C—C 键的结合能时，苯环被打开，进而被氧化成二氧化碳和水。由于污染气体大多处于常温常压状态，需在常温常压下获得非平衡等离子体，因而要求：不均匀外电场只加速电子而不加速离子，以控制气体温度不使其成为热等离子体。采用脉冲前沿极短、宽度很窄的高压脉冲电晕放电，是常温常压下得到非平衡等离子体最简单、有效的方法。

除了主要的催化氧化作用外，低温等离子体净化技术还有另一个作用是能够产生大量的负离子。如果这些负离子释放到室内空气中，一方面能够调节空气的清新感，有利于人体健康；另一方面还能有效清除空气中的污染物，当高浓度的负离子同空气中的有毒物质和灰尘等颗粒物碰撞后使其带负电，这些带负电的颗粒物又会吸引周围带正电的颗粒物（包括空气中的细菌、病毒和孢子等），从而使得积聚增大，最后这些颗粒物大到一定程度就会沉降到地面从而降低了被人体吸入体内的危险。

低温等离子体方法不仅可以分离颗粒物，而且能够降解各种有害气体、调节空气离子平衡，有着其他方法不具有的优点，因此在未来的室内空气净化方面将会有广阔的发展前景。

51. 什么是光触媒？

光触媒（photocatalyst）也叫光催化剂，是一类以二氧化钛（TiO_2）为基质的，在光的照射下自身不起变化，却可以促进化学反应，具有催化功能的半导体材料的总称。二氧化钛作为一种光触媒材料，在吸收太阳光或照明光源中的紫外线后，在紫外线能量的激发下发生氧化还原反应，表面形成强氧化性的氢氧自由基和超氧阴离子自由基，把空气中游离的有害物质（各种有机化合物和部分无机物）及微生物

分解成无害的二氧化碳和水，从而达到净化空气、杀菌、除臭等目的。光触媒对于温度没有严格的限制，常温条件下就可以发生氧化还原反应。

自“本多—藤岛效应”发现以来，经过近 30 年的努力，光触媒材料的应用研究已经取得了突破性进展，特别是近四五年来，光触媒材料的防污、抗菌、脱臭、空气净化、水处理以及环境污染治理等方面已经开始得到了广泛应用，并已形成了相当规模的产业。

一般说来，光触媒必须在紫外线的照射下才能发挥作用。如果不能获得太阳光照，若想激活光触媒，则必须另外加上紫外灯。紫外灯的选择应该是波长在 254 nm 或者 365 nm 的效果比较好。至于在自然光和日光灯等微弱光源甚至是无光的条件下，光触媒则不能正常发挥其功效。

一些专家把光触媒材料应用到空气净化器里面，在里面安装了紫外灯，一方面可以利用紫外灯激活光触媒材料，成为新型的空气净化技术，另一方面还能够利用紫外灯的杀菌消毒功能，对室内空气中的生物污染进行净化。

在日本，许多厂家应用各自的技术，把氧化钛制成粉末、溶液、凝胶、泥浆状、涂料、颗粒、薄膜等各种形态的材料，开发出各种环保产品，如抗菌瓷砖、防污建材以及水质净化、食品保鲜等器具，并且还应用它的超防水性和超亲水性研究成功开发了防雾玻璃、防雾树脂等。此外，科学家们还在研究开发用它治疗癌症、制作印刷版等方面的技术。2005 年日本国内的光触媒及相关制品的市场规模将达到 120 亿美元，未来的市场潜力将达到 1 000 亿美元。

52. 你知道光触媒技术在室内环境净化治理领域的发展状况吗?

据权威机构统计，2004 年底全球光触媒相关产品市场规模达 500 亿美元，到 2005 年底翻了一番。另据三菱综合研究所和日本经济新闻社等机构预测，2005 年日本国内的光触媒及相关制品的市场规模达到 1 200 亿日元，未来的市场潜力将达到 10 000亿日元，形成一个全新的新型材料产业。

近十年，中国、美国、德国、法国和韩国等也开始了对这一新技术的研究。对光催化剂氧化钛的研究开发正在迅速展开，它的应用范围也在进一步扩大，氧化钛作为光功能材料的性能在不断地提高。

最近几年，室内环境污染问题开始受到人们的广泛关注。消费者发现其精心打造的安乐窝竟然变成了“毒气”，让越来越多爱惜生命的人们感到了恐惧和不安。室内环境污染的现状却为污染治理行业展现了一个巨大的商机。在短短的几年时间里，一大批环境治理产品涌入市场，而作为最新技术成果的光触媒，则成为污染治理行业的一个重要产品，成为第四代空气净化器发展的核心技术。

随着光触媒技术应用与研究的不断发展，迎来

了光触媒产业化的时代。在中国,光触媒技术是一个新生事物,备受国人的关注。因为光触媒在环保科技领域的作用是无可限量的,它带来的是一场“光清洁革命”。目前,在国内每年仅居室的净化市场就有超过800亿的需求,加上水质处理、空气净化,对新材料、新能源的需求更是庞大。所以,光催化剂随着技术的不断更新将越来越多地在各个领域应用。

53. 为什么说光触媒技术促进了空气净化器行业的发展?

光触媒产品喷涂于墙面后,可形成一层薄膜,通过吸收阳光中的紫外线发生光催化作用,产生活性氧和氢氧自由基,对空气中的有害化学物质进行降解,尤其对甲醛、苯、氨和TVOC(总挥发性有机物)等有害物质具有较强的降解能力。不仅如此,光触媒产品还具有很强的灭菌功能。实验室检测结果证明,光触媒对大肠埃希氏菌、肺炎克雷伯氏菌以及军团菌都具有极强的杀灭能力。由于光触媒本身无毒,在治理过程中不会对环境产生二次污染,因此引起了全球环保行业的广泛关注。

同时光催化剂不仅具有净化室内环境挥发性有机物的功能,同时还具有广谱的杀菌性能。研究结果证明,在4 000 lx~8 000 lx的荧光灯照射下,光催化剂显示出很好的杀菌性能。金色葡萄球菌和大肠杆菌均能被完全杀灭。而在空白实验中,细菌却大量繁殖。该结果说明光催化剂在荧光灯辐照下就具有很好的杀菌性能。

目前光触媒产品的种类在室内环境净化中可大致分为两类：一类是主动净化产品，主要是利用光触媒材料生产的空气净化器、汽车专用空气净化器等；另一类是被动净化产品，就是各种品牌的光触媒喷剂、光触媒饰物、自洁净玻璃、光触媒陶瓷、光触媒地砖等。

光触媒被动净化产品的净化效果并不十分理想。因为光触媒的催化作用发挥得如何跟空气流动和紫外光照射有很大的关系。而空气净化器可以通过人为地控制风速和增加紫外光使得光触媒达到最佳的净化效果。所以空气净化器成为光触媒材料发挥作用的最佳产品。

由以上研究可以看出，纳米光催化技术是新一代空气净化技术，它不仅具有优异的化学净化作用，同时还具有优异的生物净化效果，是理想的室内空气净化技术。

54. 光触媒空气净化器主要有哪些净化技术？

光触媒室内空气净化器主要是利用光触媒材料解决有害气体造成的室内污染，为适应市场的需求，需要开发新型室内空气净化器。

同室内空气净化器一样，光催化空气净化器也

是由壳体、净化部分、风机、电控四个部分组成。所不同的是光催化空气净化器采用纳米技术，将催化剂镀在特定载体上，用特定波长的紫外光源照射催化剂，通过风机的作用，使含有有害气体的空气以特定的速度经过催化剂，载体上的催化剂在紫外光的照射下，与有害气体发生化学反应，达到净化的目的。

光触媒技术净化器应用的关键在于催化剂的使用量，同时还有室内空气中的有害气体在光触媒催化剂上的停留时间，否则就会大大降低光触媒材料的净化效率。为了保证催化剂的净化效率，延长催化剂的使用寿命，光触媒空气净化器一般先通过一层前置过滤网和过滤材料，把较大的微粒子过滤掉；然后采用静电除尘及活性炭吸附办法，进行多层防护，最后经紫外光和纳米级二氧化钛的光催化反应，分解空气中的有害细菌及有机物。

光触媒空气净化器发挥了光催化材料在近紫外线区吸光系数大、光活性高、光催化作用持久、化学性质稳定、硬度高、耐磨耗性好、对人体和环境无害、资源丰富、价格低、不存在吸附饱和的现象等优点，使用寿命成倍提高，降低了运行成本，是有广阔应用前景的理想的空气净化器。

55. 什么是光触媒分解法空气净化器？

光触媒在光源照射下，能够利用特定波长光源的能量产生催化作用(氧化还原反应),使周围的氧气及水分子激发成具活性的·OH 及 O_2^-· 等自由离子基,这些自由基几乎可分解所有对人体或环境有害的有机物质及部分无机物质。

光触媒必须在紫外线的照射下才能发挥作用。如果不能获得太阳光照,若想激活光触媒,则必须另外加上紫外灯。紫外灯的选择应该是 254 nm 或者 365 nm 的效果比较好。所以,采用光触媒技术的空气净化器中都会设计安装紫外灯。

光催化技术是近年发展起来的、用于去除空气污染物的一项新技术。它利用波长为 170 nm～440 nm的紫外光照射在由 TiO_2、ZrO_2、Sb_2O_3、ZnO、SnO_2、CeO_2、WO_3、Fe_2O_3、In_2O_3 等组成的多相光催化剂上,以分解空气中一些挥发性与非挥发性有机污染物,如尼古丁、苯酚、醛类、三氯乙烯、氟利昂等,达到净化室内空气的目的。也有直接用紫外线分解空气污染物的空气净化器。

光催化分解法是具有广泛前景的新型空气净化技术,光催化剂纳米粒子在一定波长的光线照射下受激生成电子空穴对,空穴分解催化剂表面吸附的水产生氢氧自由基,电子使其周围的氧还原成活离子氧,从而具备极强的氧化一还原作用,将光催化剂表面的各种污染物摧毁。光催化分解法具有去污染能力强,特别是去除有害气体和杀菌消毒使用寿命长(二氧化钛纳米材料具有再生性,无须更换),高效

广谱，能耗低，二次污染低和能分解一些难去除的空气污染物等优点。

56. 什么是臭氧？

臭氧是一种具有刺激性气味，略带淡蓝色的气体，是由德国化学家先贝因博士在1840年发现的，当时认为其气味好似希腊文的OZEIN（臭氧），因此将其命名为臭氧。臭氧在宇宙中有两种，一种是大自然臭氧，另一种是环境臭氧。

大自然臭氧有保护地球、防止紫外线伤害人类的作用。大自然臭氧存在于离地面大约20公里～30公里大气层的平流层中，浓度大约为90%。它是由大气中的氧分子受到太阳紫外线长期照射的作用而形成的，起着保护地球，防止太阳中的紫外线侵犯的作用。目前，这个保护层正在遭到人类的破坏，保护大气臭氧已经成为世界各国环保组织和人士的统一行动。

环境中由于汽车尾气排放不达标等原因，目前环境中已存的臭氧浓度接近0.02 mg/m^3，之所以闻不到，是因为空气污染太严重的缘故。超标的臭氧对人体健康危害严重，它强烈刺激人的呼吸道，造成咽喉肿痛、胸闷咳嗽、引发支气管炎和肺气肿；会造成人的神经中毒，头晕头痛、视力下降、记忆力衰退；会对人体皮肤中的维生素E起到破坏作用，致使人的皮肤起皱、出现黑斑；臭氧还会破坏人体的免疫机能，诱发淋巴细胞染色体病变，加速衰老，致使孕妇生畸形儿，选用使用臭氧杀菌的净化器要严格注意臭氧的产生率是否符合国家标准。

气态的臭氧厚层带蓝色，有特殊臭味，浓度高时与氯气气味相像；液态臭氧深蓝色，固态臭氧紫黑色。臭氧对细菌的灭活反应总是进行地很迅速。臭氧作用于病毒的衣体壳蛋白的四条多肽链，并使RNA特别是形成它的蛋白质受到损伤。噬菌体被臭氧氧化后，电镜观察可见其表皮被破碎成许多碎片，从中释放出许多核糖核酸，干扰其吸附到寄存体上。臭氧杀菌的彻底性是不容怀疑的。

57. 什么是臭氧消毒净化?

臭氧(ozone)的化学分子式为 O_3，是一种强氧化剂。臭氧具有广谱杀灭微生物的功能，杀菌速度比氯快 300 倍～600 倍。臭氧用于消毒已有 100 多年的历史。

臭氧消毒净化的原理是依靠它的强氧化性。臭氧极不稳定，易分解为原子氧和氧分子。原子氧有很强的氧化能力。它可以氧化细菌的细胞壁，直至穿透细胞壁与其体内的不饱和键化合而夺取细菌生命。表征其氧化能力的电极电位，是过氧化氢的 1.16 倍，是二氧化氯的 1.38 倍，是氯的 1.52 倍。臭氧对细菌、真菌、病毒都有强烈的杀灭作用。影响臭氧空气杀菌消毒的因素主要有：

（1）空气的湿度和温度；

（2）悬浮有机颗粒物；

（3）臭氧本身的作用浓度。

臭氧空气消毒的优点为：

（1）臭氧可以扩散到室内每一个角落，没有死角；

（2）消毒所需时间很短，杀菌的作用是即刻完成的；

（3）臭氧会还原成氧气，在环境中不存在残留物。

臭氧空气消毒的缺点为：

（1）在我国北方相对湿度较低的情况下，消毒效果受到很大影响。臭氧空气消毒的一般条件为：相对湿度≥70%，不得低于50%，最好在85%左右。

（2）臭氧空气浓度应为4 mg/m^3～6 mg/m^3，消毒时间应60 min。该浓度为室内空气质量标准限值的25倍～37.5倍。因此，臭氧空气消毒不能在有人情况下进行。如在工厂车间，臭氧消毒时必须停产。

（3）臭氧消毒后，室内的臭氧的半衰期为30 min左右，因此不能马上进入臭氧消毒过的房间。

（4）臭氧对金属有腐蚀作用，对橡胶和塑料有加速老化的作用，对精密仪器的计算机及金属机械结构也会有氧化作用。

公共场所为有人环境，在停止开放的情况下采用臭氧对集中空调通风系统进行消毒的可能性不大。臭氧没有去除可吸入颗粒物的作用，也无法进行动态消毒。臭氧在医院有人环境下的消毒已被其他先进的方法所代替。预计公共场所集中空调通风系统使用臭氧消毒的可能性极小。

58. 空气净化器为什么能采用臭氧净化方法?

臭氧是已知的最强的氧化剂之一，其强氧化性、高效的消毒和催化作用使其在室内空气净化方面有着积极的贡献。臭氧主要应用于灭菌消毒，它可即刻氧化细胞壁，直至穿透细胞壁与其体内的不饱和键化合而杀死细菌。

臭氧在消毒灭菌的过程中，被还原成氧和水，在环境中不留残留物，同时它能够将有害物质分解成无毒的副产物，有效地避免了二次污染，因此对于臭氧产品的开发，已使其在医院、公共场所、家庭灭菌等方面得到了广泛应用，取得了很好的效益。

臭氧净化器:臭氧具有强力杀菌和脱臭力，只要使用得当也会为人类提供许多好处。随着科学技术的进步，臭氧制造机已经开发出来，人们采取紫外线法和电流放射法人工产生臭氧，广泛用于食品加工厂和医院的室内杀菌和净化，游泳池的水净化和蔬菜水果、鱼类等的杀菌。

目前，厂家已研制出家用臭氧消毒机，并具有高效、小型、安全、实用的特点，使臭氧应用走向家庭。由于这种技术充分利用了臭氧的氧化能力，所以，这类空气净化器大都具有杀菌、脱臭和净化室内空气的作用。

但同时由于臭氧的强氧化性，过高的臭氧浓度对人体健康同样有着危害作用。当臭氧吸入人体体内后，能够迅速转化为活性很强的自由基——超氧基（O_2-），使不饱和脂肪酸氧化，从而造成细胞损伤，使得人的呼吸道上皮细胞质在氧化过程中发生四烯酸增多，进而引起上呼吸道的炎症病变。因此我国在 GB/T 18202—2000《室内空气中臭氧卫生标准》和 GB/T 18883—2002《室内空气质量标准》中都限定了臭氧浓度的上限（0.16 mg/m^3），这是使用臭氧进行室内空气净化时应该注意的一个问题。

但是，利用臭氧净化室内空气污染需要的条件是：第一，臭氧发生器的一次发气量要达到一定浓度；第二，要合理计算房间空间和处理时间；第三，不要在空气中残留氮氧化物；第四，臭氧发生器工作处理时不要人机同室。

59. 分子筛在空气净化器中的作用是什么？

分子筛也是空气净化器中广泛应用的一种吸附材料。分子筛为微孔型立方晶体硅酸盐或硅铝酸盐水合物。分子筛按骨架元素组成可分为硅铝类分子筛、磷铝类分子筛和骨架杂原子分子筛；按孔道大小划分，孔道尺寸小于 2 nm 称为微孔分子筛、2 nm～50 nm 为介孔分子筛、大于 50 nm 为大孔分子筛。分子筛的孔径 0.3 nm～1 nm 具有均一性，如 4A 分子筛和 5A 分子筛。人工合成分子筛有 A、X、Y 型。

分子筛的比表面积很大，达 300 m^2/g～1 000 m^2/g，内晶表面高度极化，为一类高效吸附剂，也是一类固体酸，表面有很高的酸浓度与酸强度，能引起正碳离子型的催化反应。当组成中的金属离子被其他离子置换时，可调整孔径，改变其吸附性质与催化性质，从而制得不同性能的分子筛催化剂，对某些 VOC 反应具有良好的催化作用。

分子筛有选择性吸附作用，通常用来吸附一些相对分子质量低、浓度低的极性气体污染物，如硫化氢(H_2S)、甲硫醇(CH_3SH)等臭气物质。由于分子筛对水分有优先吸附现象，而且吸附水分的能力非常高，所以污染物的吸附容量受水分影响比较大。当在室内空气中水分比较高的状态下，分子筛的吸附性能容易劣化。

60. 氧化铝在空气净化器中的作用是什么?

氧化铝也是一种应用于空气净化器中的吸附材料。氧化铝是典型的难溶于水的白色固体两性氧化

物，有多种变体，常见的是α、β、γ型氧化铝。γ型氧化铝（γ-Al_2O_3）也称为活性氧化铝，具有强吸附力和催化活性，可做吸附剂和催化剂，对氟有很强的吸附性能。

γ型氧化铝是氢氧化铝在150℃的低温环境下脱水制得。γ型氧化铝是一种白色球状多孔性颗粒，每克的内表面积高达数百平方米，活性高吸附能力强，常用作吸附剂、催化剂和催化剂载体。它是中性强干燥剂，其干燥能力不亚于五氧化二磷，使用后在175 ℃以下加热6 h～8 h还能再生重复使用。

使质量分数为0.5%～1.5%的铂（Pt）负载在活性氧化铝（γ-Al_2O_3）上组成催化剂，在低温（65 ℃）下，空间速度为38 000 h^{-1}时，可有效地将空气中的臭氧催化分解为氧气，分解效率高于99%。

$$2O_3 \xrightarrow{Pt/\gamma-Al_2O_3} 3O_2$$

61. 什么是室温催化氧化甲醛和催化杀菌技术？

中科院生态环境研究中心和亚都空气净化器共同研发的室温催化氧化甲醛和催化杀菌技术（Ultra-efficient Formaldehyde Catalytic Oxidation），简称UF-CO，获得了2011年国家科技发明二等奖，是国家高新技术研究发展计划（863计划）项目研究成果。

室温催化氧化甲醛和催化杀菌技术主要通过以

铂金原子为中心的分子裂变重组催化剂的作用来实现对甲醛的分解。铂金是彻底分解甲醛的必要成分,能对甲醛起到催化氧化的作用;而分子裂变重组催化剂能以原子振动的速度,来加速铂金原子对甲醛的分解,在瞬间生成二氧化碳和水,从而实现对空气的净化。

作为我国室内环境净化行业国家科技发明的最高奖项,国家 863 计划的科研成果,UFCO 技术主要拥有以下几个方面的创新:

(1) 采用常温催化技术。运用常温催化技术,净化器中置入 500 mg 铂金,无须外来能源即可长效分解甲醛,不产生任何二次污染,净化更彻底。

(2) 快速分解甲醛。在甲醛接触到铂金原子之后,分子裂变重组催化剂便以原子振动的速度,即光速(光速绕赤道转一圈只需要 0.13 s),迫使甲醛分子发生断裂,并促使各化学元素在裂变后进行重组,最终生成水和二氧化碳。去甲醛之快,几乎可以用光速来形容。

(3) 模块永久不更换。分子裂变重组催化剂的神奇之处在于,各化学元素发生裂变重组过程中其本身会变形,但在结束消灭甲醛的时候,又变回原形。同样道理,铂金原子也不会参与反应,只是对甲醛进行催化氧化。所以,分子裂变重组催化剂和铂金原子在反应过程中均无任何消耗,可以永久使用。

UFCO 铂催化分解技术的发明和亚都空气净

化产品曾经在2008年获得了“北京奥运会推广室内环境净化产品和技术”称号，被列为2011年我国室内环保行业十件大事之一。

62. 有哪些复合功能的空气净化器？

空气净化器大都采取2种或2种以上组合或复合的净化技术与材料，提高了空气净化器的使用性能和使用条件。目前市场上具有复合功能的空气净化器有以下几种：

(1) 静电与滤材并用型。该类空气净化器由静电场装置、多孔性过滤材料集尘装置和电源等部件构成。它利用静电原理，使气流中的微粒带电荷后，借助镜像力的作用将其捕集在多孔性过滤材料制成的集尘装置上。

优点：采用静电场装置与低阻滤料组合，可以达到一次通过除菌效率≥90%与阻力损失≤50 Pa的净化消毒要求；容尘量大幅增加；后置滤料解决了静电场装置容易产生二次扬尘的问题。

(2) 静电与吸附介质并用型。该类空气净化器由静电场装置、微孔性吸附材料（例如活性炭、分子筛等）电源等部件构成。它利用静电原理，使气流中的微粒带电荷后，借助镜像力的作用将其捕集在微孔性吸附材料制成的集尘装置上。

优点：可以达到一次通过除菌效率≥50%与阻力损失≤50 Pa的净化要求；可以去除静电场装置

产生的过量臭氧；可以去除气流中的甲醛、苯系物、TVOC、氨、二氧化硫、二氧化氮等有害气体与异味；静电场装置解决了后级吸附层容易被灰尘堵塞的缺陷。

（3）静电与过滤及吸附材料并用型。该类空气净化器由静电场装置、多孔性过滤材料与微孔性吸附材料复合集尘装置和电源等部件构成。它利用静电原理，使气流中的微粒带电荷后，借助镜像力的作用将其捕集在多孔性过滤材料与微孔性吸附材料（例如活性炭、分子筛等）复合制成的集尘装置上。

优点：兼有除尘、除菌、除有害气体的功能，能够全面达到《公共场所集中空调通风系统卫生规范》的要求。

（4）紫外线光催化与静电吸附复合。该类空气净化器是将纳米光催化剂喷涂在静电场装置的收尘极板与吸附层的固定金属网上，紫外线灯装在静电场装置与吸附层之间。紫外线灯照射在静电场装置的收尘极板与吸附层的固定金属网上，激发光催化剂产生自由基与被截获的细菌等微生物发生光化学反应。紫外线灯兼有近距离照射杀菌消毒的作用。

（5）紫外线光催化与吸附介质复合。该类空气净化器是将纳米光催化剂与吸附介质复合，可以将吸附介质的吸附能力与纳米光催化剂的分解甲醛等有害气体的能力结合在一起。

优点：克服了吸附介质容易饱和失效的缺陷，延

长了吸附介质的使用寿命；克服了光催化剂降解速率慢的缺陷；吸附介质能吸附光催化剂在降解有机物过程中产生的中间产物。

63. 车用空气净化器的主要技术有哪些？

作为治理汽车车内空气污染的汽车空气净化器产品目前也是缤纷多样，其所用的核心技术也各不相同，净化空气污染的效果也有所区别。比较普遍的车内消毒方法有臭氧消毒、离子杀毒和光触媒消毒三种。

（1）臭氧是广谱、高效、快速的消毒剂，借用臭氧是最近兴起的杀菌方法之一。它可迅速杀灭使人和动物致病的各种细菌、病毒等微生物。与化学消

毒不同，臭氧杀菌消毒后很快就分解成氧气，利用臭氧消毒杀菌最大的好处是一般不残存有害物质，也不会对汽车造成二次污染，对人体无害。臭氧消毒价格也比较便宜，但消毒一次只能维持1～2个月。不可忽视的一点是，人们往往会忘记用手关掉发生臭氧的开关，加之若氧吧没有自动关掉发生臭氧的功能，就会造成车内高浓度的臭氧，众所周知，高浓度的臭氧会对人体产生伤害。虽然现在许多厂商都在改善这一功能，例如增设定时设置功能，但作为汽车氧吧的一项技术，臭氧开始慢慢地淡出市场。

（2）负离子有抑制细菌、病毒生长，清除空气异味，清洁空气等作用，被誉为“空气维生素”。具备这种技术的汽车氧吧产品的一大特点就是可以通过增加空气中负离子含量，来改善车内空气质量。目前市场上大多数汽车氧吧每秒可以释放300万个负氧离子，其中技术实力最领先的奥得奥704太阳能汽车氧吧则可以达到每秒500万个负氧离子群，是目前同类产品中的佼佼者。但单一地从负离子入手，也不能彻底解决车内空气问题。虽然增加负离子可以让司机头脑清醒，但对于彻底消除空气中原有的污染物质作用不大。这是目前大部分汽车氧吧厂商比较单纯的突破点。

（3）光触媒是新近兴起的一种新杀毒方法，它是利用二氧化钛这种光催化剂，产生正、负电子，其中正电子与空气中的水分子结合产生具有氧化分解

能力的氢氧自由基，而负电子则与空气中的氧结合成活性氧，二者均具有强大的杀毒杀菌能力，对于汽车车厢内常见的甲醛氨、苯等有机化合物具有分解作用，同时还可以清除车厢内的浮游细菌，从根源上清除异味，达到传统技术手段难以达到的效果。光触媒消毒一次维持的时间长、效果好，可达1～2年，不过价格较高。

另外，目前市场上的汽车氧吧产品，已经并非是产品导入前期单纯从某个技术入手，而是融合多方面的技术，进而达到更高的车内空气净化的功效。例如市场上最新出现的太阳能汽车氧吧，融合了多项世界顶尖技术，既具有全球首创太阳能光聚变技术和中草药杀菌网，又具备五层超强净化功能，并且内置氧离子发生器，每秒可形成氧离子群达500万个。同时，它还综合采用全球领先的高性能光触媒航空钛净化、活性炭净化及法国加香等技术，是目前我国市场上科技含量最高、杀菌最为彻底的汽车空气净化产品。

64. 为什么利用空气净化技术的新风机可以提高室内环境质量？

随着房屋质量和节能要求的不断提高，门窗的密闭性越来越好，由于装饰装修和经济造成的室内环境污染问题引起全社会的重视。大气环境中的PM2.5污染、汽车尾气、噪声等污染的加剧，加上寒冷、炎热、沙尘等极端天气迫使很多家庭的门窗在大部分时间都处于完全关闭状态。长时间不通风，导致室内空气质量严重下降，如果长期处在这种环境中会严重危害身体健康。除了空气净化器解决室内环境污染问题以外，与空气净化器配套的新风交换机成为解决室内环境污染问题的新选择。

与空气净化器在室内过滤空气不同，新风交换机的工作原理是将室内的污浊空气排向室外，同时将室外的新鲜空气通过风管送到室内。

为了解决通风进入室内环境中的各种污染物，大部分新风交换机都设计安装了各种过滤网，可高效过滤空气中的 PM2.5 污染，粉尘和噪声，还有除菌、加湿或除湿功能。

在寒冬或炎热的季节，开窗通风会造成能量的流失。为了解决通风造成的室内能源消耗，新风交换机系统可以实现热回收，进而降低能耗。热回收效率是新风系统的关键能耗指标。例如，在冬季进行冷热空气置换时，如果回收室内空气的热量，便可以降低为提升室外引入新风的温度所需的能耗。目前国家标准 GB/T 21087—2007《通气空气能量回收装置》的指标要求是 65％以上。热回收效率越高，回收的空气热量越大，就越节能。

2003 年前后，全国新风产品生产厂家只有二三十家，目前已经逾 500 家，还有更多的企业正准备加入这个行列，市场需求可见一斑。

三、空气净化器标准

65. GB/T 18801—2008《空气净化器》有哪些相关的概念?

GB/T 18801—2008《空气净化器》标准规定了空气净化器的术语和定义、分类、技术要求、试验方法、检验规则、标志、包装、运输和贮存。此标准适用于单相额定电压 220 V、三相额定电压 380 V 家用和类似用的空气净化器,也适用于在公共场所由非专业人员使用的空气净化器。此标准涉及的术语和定义如下:

（1）洁净空气量（clean air delivery rate）

表征空气净化器净化能力的参数，用单位时间提供洁净空气的量值表示（简称 CARD），用字母 Q 表示，以立方米每小时（m^3/h）为单位。

（2）净化效能（efficiency of clean）

空气净化器单位功耗所产生的洁净空气量，用字母 η 表示，以立方米每小时瓦［$m^3/(h \cdot W)$］为单位。

（3）总净化效能（total efficiency of clean）

多功能式空气净化器单位功耗所产生的去除各种空气污染物的洁净空气量的总和，用字母 η_s 表示，以立方米每小时瓦［$m^3/(h \cdot W)$］为单位。

（4）净化寿命（cleaning life span）

当空气净化器（或可更换式净化部件）运行到去除某一种空气污染物的洁净空气量降低至初始值的 50％时，累计所使用的时间即为空气净化器（或可更换式净化部件）去除该污染物的净化寿命，用天或月表示。

（5）空气污染物（air pollutants）

空气污染物是指由于人类活动或自然过程排入空气的并对人类或环境产生有害影响的那些物质。一般分固态污染物和气态污染物两大类，固态污染物常见的有粉尘、烟雾等（通常称为颗粒物）；气态污染物常见的有装修污染产生的甲醛、苯、氨、挥发性有机物等。

66. 空气净化器国家标准 GB/T 18801—2008 基本要求有哪些?

2002 年我国制定发布了我国第一部空气净化器标准 GB/T 18801—2002《空气净化器》,2008 年重新修订 GB/T 18801—2008《空气净化器》。标准规定了空气净化器的型式、基本参数、技术要求、试验方法、检验细则、标志、包装和储存。适用于家用和类似用途的空气净化器和在公共场所使用的空气净化器。标准中对空气净化器性能要求指标如下:

(1) 洁净空气量

洁净空气量是表征空气净化器净化能力的参数,用单位时间提供洁净空气的量值表示(简称 CARD),用字母 Q 表示,以立方米每小时(m^3/h)为单位。空气净化器洁净空气量实测值应不小于标称值的 90%。

(2) 净化寿命

空气净化器(或可更换式净化部件)的净化寿命实测值应不小于标称值的 90%。

(3) 噪声

空气净化器噪声是指在工作中能够产生的最大噪声值。单位为分贝 dB(A)。

空气净化器洁净空气量与噪声对应关系应符合表 3-1 的要求:

表 3-1 空气净化器洁净空气量与噪声对应关系

洁净空气量(CADR)/(m^3/h)	声功率级/dB(A)
$Q\leqslant150$	$\leqslant55$
$150<Q\leqslant400$	$\leqslant60$
$Q>400$	$\leqslant65$
注：如果空气净化器可去除多种污染物时，则可最大 CARD 值对应表中噪声值。	

(4) 净化效能分级

空气净化器净化效能根据单位能耗产生的洁净空气量由高到低分为 A、B、C、D 四级，具体指标见表 3-2、表 3-3 和表 3-4。

表 3-2 固态污染物净化效能分级一览表

净化效能等级	净化效能 η 范围/[m^3/(h·W)]
A	$\eta\geqslant2.00$
B	$1.50\leqslant\eta<2.00$
C	$1.00\leqslant\eta<1.50$
D	$0.50\leqslant\eta<1.00$

表 3-3 气态污染物净化效能分级一览表

净化效能等级	净化效能 η 范围/[m^3/(h·W)]
A	$\eta\geqslant0.80$
B	$0.60\leqslant\eta<0.80$
C	$0.40\leqslant\eta<0.60$
D	$0.20\leqslant\eta<0.40$

表 3-4 多功能式空气污染物总净化效能分级一览表

净化效能等级	净化效能 η 范围/[m^3/(h·W)]
A	$\eta \geq 1.60$
B	$1.20 \leq \eta < 1.60$
C	$0.80 \leq \eta < 1.20$
D	$0.40 \leq \eta < 0.80$

对于上述数据，要确认性能检测报告，报告应该是国家级监测中心或者国家认可的权威检测机构发布的，检测报告中生产单位和型号要与选择型号一致。

67. GB 4706.45—2008《家用和类似用途电器的安全》空气净化器产生的臭氧浓度检测方法？

GB 4706《家用和类似用途电器的安全》由若干部分组成，第一部分为通用要求，其他部分为特殊要求，该部分应与 GB 4706.1—2005《家用和类似用途电器的安全　第一部分：通用要求》配合使用。

该部分涉及单相器具额定电压不超过 250 V、其他器具额定电压不超过 480 V 的家用和类似用途电动空气净化器的安全。

不作为一般家用，但对公众仍可能引起危险的空气净化器，例如打算在商店、轻工业和农场中由非专业人员使用的空气净化器也属于本部分的范围。

空气净化器电离装置产生的臭氧浓度不应超过规定的要求。通过下述试验,确定是否合格:

在一个密闭的房间内进行试验,房间的尺寸为:2.5 m×3.5 m×3.0 m,墙壁表面覆盖聚乙烯板,空气净化器按照说明书要求放置。在桌面上使用的空气净化器放置在离地板高约750 mm的房间中央。

房间保持温度约25 ℃和相对湿度约50%,空气净化器以额定电压通电24 h。

臭氧取样管设置在距空气净化器空气出口50 mm的位置,试验开始时先测量本底臭氧浓度,然后将试验中测得的最大浓度减去本底臭氧浓度。

臭氧浓度百分比应不超过5×10^{-6}。

注:如果安装说明书规定空气净化器安装的房间体积超过30 m^3,则试验房间尺寸应相应地增加。

68. 什么是空气净化器的洁净空气量?

洁净空气量(clean air delivery rate,缩写为CADR):是一项涉及空气净化器产品使用特征、并能够反映出其净化能力的性能指标。洁净空气量这项性能指标适用于评价采用任何已知原理制作的空气净化器,包括内装配送风机的和不装配送风机的空气净化器。不仅适用于评价空气净化器去除悬浮颗粒物的能力,也适用于评价去除其他空气污染物的能力。空气净化器可去除的每一种空气污染物都有一个相应的洁净空气量数值。所以说,洁净空气

量为比较和评价各种型号的空气净化器提供了一种科学方法，也为用户选购空气净化器提供方便。

洁净空气量是一项涉及室内空气净化器产品使用特征并能反映出其净化能力的性能指标，单位为 m^3/h。要使室内空气质量达到一定的洁净标准，有两个必要条件：

第一，必须保证室内空气达到一定的换气次数，即要净化器内置的风机有一定的风量。

第二，净化器的一次净化效率必须比较高。洁净空气量(CADR)就是能定量表征净化器以上两个必要条件的物理量。CADR 值越大，净化器的净化效率越高。利用 CADR 值，可以评估空气净化器在运行一定时间后，去除室内空气污染物的效果。

空气净化器去除固态污染物的洁净空气量计算方法：

空气净化器洁净空气量，按照 GB/T 18801—2008《空气净化器》中的公式(3-1)计算：

$$Q = 60 \times (k_e - k_n) \times V \quad \cdots\cdots(3\text{-}1)$$

式中：

Q——洁净空气量，单位为立方米每小时(m^3/h)；

k_e——总衰减常数；

k_n——自然衰减常数；

V——试验室容积，单位为立方米(m^3)。

69. 国家空气净化器标准对试验室环境舱的技术要求是什么？

为了准确、科学、客观地评价空气净化器的净化效果，GB/T 18801—2008 标准中规定，空气净化器应在实验室的环境舱内进行测试，空气净化器环境舱应该符合下面 10 条技术要求：

（1）试验室环境舱容积要求必须是 30 m^3。

（2）环境舱框架：76 mm×44 mm 铝型材，安装在地板上。

（3）环境舱壁：用厚度为 5 mm 浮法平板玻璃。

（4）环境舱地板：用厚度为 0.8 mm 不锈钢板。

（5）环境舱顶板：金属复合板。

（6）环境舱使用的密封材料：用硅橡胶条及玻璃密封胶。

（7）环境舱吊扇：直径为 1.4 m 以上的家用吊扇。

（8）空气过滤器：高效空气过滤器 630 mm×630 mm 两个，效率为 99.9%；中效过滤器一个，效率为 60%。

（9）环境舱送风机要保证通风量为 1 800 m^3/h。

（10）环境舱的气密性：空气泄漏率应小于 0.05 m^3/h。

空气净化器试验室详图如图 3-1 所示。

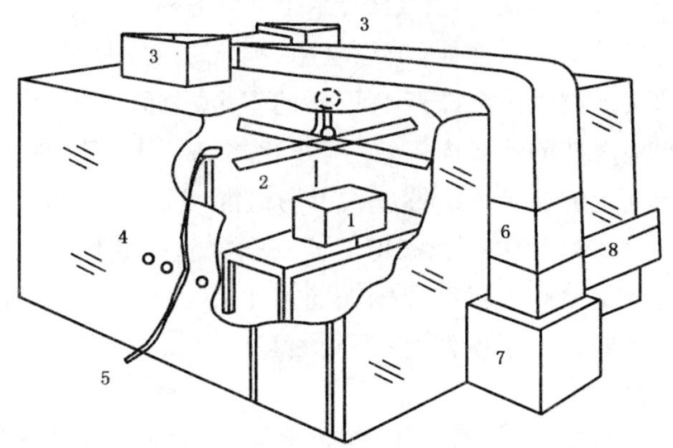

1—空气净化器；2—搅拌风扇；3—高效空气过滤器；
4—采样孔；5—导样管；6—中效空气过滤器；
7—送风机；8—排气管道。

图 3-1 试验室及试验装置

70. 国家标准对空气净化器的电器安全性要求是什么？

由于空气净化器是一种新兴的家用电器产品，GB 4706.1—2005《家用和类似用途电器的安全 第1部分：通用要求》和 GB 4706.45—2008《家用和类似用途电器的安全 空气净化器的特殊要求》对空气净化器的电气安全指标进行了严格要求。

标准 GB/T 18801—2008《空气净化器》中要求，市场上销售的空气净化器的安全性必须符合 GB 4706.1—2005 和 GB 4706.45—2008 的要求。

空气净化器电气安全性能主要考核的是空气净化器的安全和性能，绝缘电阻、电气强度、泄漏电流和接地电阻等电器产品重要的安全指标，是国家强制性考核的重要内容，空气净化器必须满足这些指标规定的要求才能够进入市场销售。

目前我国对于家用电器安全实施强制性标准，也就是说必须要符合标准要求才可上市，因此要确认其安全检测报告，报告应该是国家认可的权威检测机构发布的。

目前，空气净化器没有列入 CCC 强制认证目录，因此必须要有国家权威机构的检测报告才能销售。消费者应注意检测报告应与所选购型号一致，这样才能够保障产品具备防止消费者发生触电、烫伤、机械损伤、火灾、毒性和辐射的危险。

71. 国家对空气净化器抗菌除菌和净化功能的标准要求是什么？

2009 年 3 月 1 日国家家电抗菌标准通则——GB 21551.1—2008《家用和类似用途电器的抗菌、除菌、净化功能通则》正式实施以后，2011 年 9 月 15 日，国家又发布了 GB 21551.2—2010《家用和类似用途电器的抗菌、除菌、净化功能　抗菌材料的特殊要求》和 GB 21551.3—2010《家用和类似用途电器的抗菌、除菌、净化功能　空气净化器的特殊要求》

等标准。

(1) GB 21551.3—2010 规定，在模拟现场和现场试验条件下运行 1 h，空气净化器抗菌(除菌)率大于或等于 50%。

(2) 空气净化器的抗菌性能应达到 GB 21551.2—2010 中明确规定：空气净化器的抗细菌材料的抗菌率大于或等于 90%，抗霉菌材料的防霉等级为 1 级或 0 级；抗细菌/霉菌材料的抗菌率大于或等于 90%，同时防霉等级为 1 级或 0 级。

(3) 标准中还要求空气净化器的净化材料应能够更换或再生、净化装置能够清洗和消毒。

72. 住建部《空气净化器污染物净化性能测定》标准的基本要求是什么？

我国建设部批准 JG/T 294—2010《空气净化器污染物净化性能测定》自 2011 年 8 月 1 日起实施。为建筑工业行业产品标准，行业标准的日益完善将有利于我国空气净化器行业的长期发展。该标准不仅包括颗粒污染物的检测方法还包括对空气中有机化学污染物和生物污染物的净化效率的检测。标准规定了空气净化器的术语和定义、性能要求、试验方法等。标准中对民用建筑中使用的室内单体式空气净化器和安装在集中空调通风系统中的各类模块式空气净化器的性能测定。

单体式空气净化器是指可以单独在室内使用的，通常自带风机的空气净化装置，也就是我们通常看到的空气净化器。

模块式空气净化器是指安装在集中空调通风系统内的空气净化装置，一般情况下安装在空调系统的风道或者进出风口上。

标准中重点规定了室内单体式空气净化器和安装在集中空调通风系统中的各类模块式空气净化器的技术要求。

（1）化学污染物净化效率。甲醛、苯、TVOC、氨等化学污染物净化效率应分别标示。在额定风量、额定初始污染物浓度下，在评价时间内净化效率不应小于70%。模块式空气净化器应增加一次通过净化效率测试，一次通过净化效率不应小于50%。

（2）微生物净化效率。微生物净化效率不应小于70%。模块式空气净化器应增加一次通过净化效率测试，一次通过净化效率不应小于50%。

（3）颗粒物净化效率。颗粒物净化效率不应小于50%。模块式空气净化器应增加一次通过净化效率测试，一次通过净化效率应符合GB/T 14295的规定。

（4）安全性能要求

1）臭氧增加量。单体式空气净化器的测量点设在送风出口；模块式空气净化器的测量点设在0.3 m处。臭氧增加量小时均值不应大于0.16 mg/m³。

2）紫外线泄漏量。空气净化装置周围30 cm处的紫外辐照值不得大于5 W/cm²。

73. 我国对空气净化器实施环保认证的必要性和意义是什么？

空气净化器认证规则发布以后从2012年1月实施，消费者购买空气净化器有了选择的标准和规范。近年来，室内外环境污染问题，引发了公众对室内外空气质量的担忧，越来越多的人开始关心和重视空气质量。以解决室内空气污染，提高室内空气品质为主要功能的空气净化器产品作为室内环保行业的重点产品之一，已经得到了广大消费者的认可，成为我国“十二五”期间室内环保行业发展的主导产业，年产值预计将达到1 000亿元人民币。

当前市场的空气净化器种类繁多，技术各异，但产品质量参差不齐。主要问题是产品说明书中功能标识不清，含糊其辞，同类技术的产品净化效果相差甚远，存在误导消费的现象，严重挫伤了消费心理，制约了空气净化器市场的健康发展。

特别是目前空气净化器只有安全认证，而针对净化功能却没有相关认证。单纯的安全认证已不能满足当代消费者对洁净、健康、环保居室生活的追求，因此迫切需要第三方机构能够制定出空气净化器的统一的评价认证准则，真正净化规范市场，帮助企业树立品牌；保护质量过硬的空气净化器产品，帮助消费者解决室内环境污染问题；生产企业也希望能够尽快出台认证措施，以促进空气净化器市场的健康发展。

由中国质量认证中心（CQC）联合国家室内环境与室内环保产品质量监督检验中心和中国室内环境监测工作委员会，从2010年开始进行市场调研和可行性分析，经过一年多的研发，制定并于2011年12月21日正式发布了《空气净化器环保认证规则》。

在目前我国空气净化器产业高速发展的情况下，由中国质量认证中心和国家室内环境与室内环保产品质量监督检验中心进行空气净化器的环保认证，具有以下四个方面的意义：

一是规范空气净化器市场。通过认证帮助企业树立品牌，指导消费者选购优质适用的净化器产品，杜绝目前空气净化器市场价格混乱、技术混乱、宣传混乱、部分企业生产不规范的现象；

二是促进行业健康发展。目前我国空气净化器

产业在发展过程中，通过认证工作可以提升行业管理的水平，促进行业的健康发展；

三是推进发展我国空气净化器技术。目前空气净化器技术从解决室内环境中的化学性污染逐步向提高室内空气品质方向发展，需要进一步推广先进的技术和产品，促进空气净化器的核心技术的研发；

四是有利于保护消费者的权益，指导消费者明明白白地购买和使用空气净化器。

74. 空气净化器绿色环保认证的依据和评价指标有哪些？

2011 年 12 月 21 日，中国质量认证中心联合国家室内环境与室内环保产品质量监督检验中心正式发布《空气净化器环保认证规则》。该规则在采用标准 GB/T 18801 的基础上，还引用了 GB 21551.3—2010《家用和类似用途电器的抗菌、除菌、净化功能 空气净化器的特殊要求》的相关要求，其中对消费者关心的净化功能、净化效率、净化材料寿命以及安全性等方面进行严格的考核和认证，并且进行标识和说明，以满足消费者对空气净化器安全、环保全方位的需求。具体检验评价指标如表 3-5 所示。

表 3-5　空气净化器认证型式检验项目及要求

序号		检测项目	要求	检测方法和依据
基本内容	1	技术文件	图纸、设计说明书、企业标准齐备	检查
	2	产品外观	造型美观，表面光滑清洁，无毛边、毛刺，应防锈、防火	目测
	3	标牌	符合 GB/T 13306—2011	检查
	4	说明书	符合 GB/T 5296.2—1999	检查
	5	包装	符合 GB/T 191、GB 1019	GB/T 18801—2008 第 8 章
	6	结构	结构应设计合理，操作方便	检查
安全内容	7	安全项目	符合 GB 4706.1、GB 4706.45 要求	依据 GB 4706.1、GB 4706.45 检测
性能内容	8	净化性能指标	CADR$\geqslant$30 m^3/h $\eta \geqslant 50\%$	GB/T 18801—2008 第 5 章
	9	风量	允许误差为额定风量 −10%	GB/T 18801—2002 第 5 章
	10	噪声	声功率级$\leqslant$55 dB(A)～65 dB(A)	GB/T 18801—2008 第 5 章
	11	净化寿命	滤材净化寿命>1 000 h	GB/T 18801—2008 第 6 章

75. GB/T 18883—2002《室内空气质量标准》的主要控制指标是什么?

为了控制室内空气污染,切实提高室内空气质量,在借鉴国外相关指标、标准的基础上,结合我国的实际情况,参考国内现有的标准,确定《室内空气质量标准》中的参数限值。GB/T 18883—2002《室内空气质量标准》于 2003 年 3 月 1 日起实施,近十年来,《室内空气质量标准》的宣传和贯彻,对于不断提高人们的室内环境意识,促进与室内环境特别是空气净化器和净化材料行业的发展与技术进步,保障人民的身体健康,具有十分重要的意义。《室内空气质量标准》对室内质量的基本要求是室内空气应无毒、无害、无异常嗅味,其他主要控制指标如表 3-6 所示。

表 3-6 《室内空气质量标准》的主要控制指标

序号	参数类别	参数	单位	标准值	备注
1	物理性	温度	℃	22～28	夏季空调
				16～24	冬季采暖
2		相对湿度	%	40～80	夏季空调
				30～60	冬季采暖
3		空气流速	m/s	0.3	夏季空调
				0.2	冬季采暖
4		新风量	$m^3/(h\cdot 人)$	30	

表 3-6（续）

序号	参数类别	参数	单位	标准值	备注
5	化学性	二氧化硫 SO_2	mg/m^3	0.50	1 h 均值
6		二氧化氮 NO_2	mg/m^3	0.24	1 h 均值
7		一氧化碳 CO	mg/m^3	10	1 h 均值
8		二氧化碳 CO_2	%	0.10	日平均值
9		氨 NH_3	mg/m^3	0.20	1 h 均值
10		臭氧 O_3	mg/m^3	0.16	1 h 均值
11		甲醛 HCHO	mg/m^3	0.10	1 h 均值
12		苯 C_6H_6	mg/m^3	0.11	1 h 均值
13		甲苯 C_7H_8	mg/m^3	0.20	1 h 均值
14		二甲苯 C_8H_{10}	mg/m^3	0.20	1 h 均值
15		苯并[a]芘 B(a)P	mg/m^3	1.0	日均值
16		可吸入颗粒 PM10	mg/m^3	0.15	日均值
17		总挥发性有机物 TVOC	mg/m^3	0.60	8 h 均值
18	生物性	菌落总数	cfu/m^3	2 500	依据仪器定
19	放射性	氡 ^{222}Rn	Bq/m^3	400	年平均值（行动水平）

《室内空气质量标准》在适用范围方面突出强调了“适用于住宅和办公建筑物”，这是根据我国目前发展的国情提出来的。标准中这样界定适用范围，增强了标准的针对性和可操作性。另外在适用范围

方面还规定“其他室内环境可参照本标准执行”，扩大了标准的适用范围。

76. 国家《民用建筑工程室内环境污染控制规范》主要控制哪些污染物？

为了解决越来越受到大家关注的民用建筑室内空气质量问题，2001 年年底国家质量技术监督检验检疫总局发布了由建设部起草的《民用建筑工程室内环境污染控制规范》，为建筑工程室内环境污染控制提供了法律依据，也切实维护了广大消费者的利益。

在拟定《民用建筑工程室内环境污染控制规范》的过程中，专家们进行了大量验证性测试。测试结果表明，在我国目前的发展水平下，工程建设阶段对氡、甲醛、氨、苯及总挥发性有机化合物（TVOC）、游离甲苯二异氰酸酯（TDI，在材料中）等环境污染物进行控制是适宜的，因为这几种污染物对身体危害较大。如甲醛、氨对人有强烈刺激性，对人的肺功能、肝功能及免疫功能等都会产生一定的影响；游离甲苯二异氰酸酯会引起肺损伤；氡、苯及挥发性有机化合物中的多种成分都具有一定的致癌性等。

规范适用于民用建筑工程（无论是土建还是装修）的室内环境污染控制。上述污染物除了放射性的氡气主要来自地下土壤外，其他污染主要是由建筑材料和装修材料产生的，主要来源于各种人造木

板、涂料、胶黏剂、处理剂等化学建材类建筑材料产品，因此规范对这些建材中的有害物质制定了限量标准。此外，规范还对室内环境质量的检测提出了数量要求，即按5%不少于3个自然间的比例来进行检测，如表3-7所示。

表3-7 《民用建筑工程室内环境污染控制规范》主要控制指标

控制污染物	Ⅰ类民用建筑工程	Ⅱ类民用建筑工程	检验方法
氡/(mg/m³)	≤200	≤400	GB/T 14582—1993
游离甲醛/(mg/m³)	≤0.08	≤0.12	GB/T 18204.26—2000
苯/(mg/m³)	≤0.09	≤0.09	GB 50325—2001
氨/(mg/m³)	≤0.2	≤0.5	GB/T 18204.25—2000
TVOC/(mg/m³)	≤0.5	≤0.6	GB 50325—2001
主要控制工程项目	住宅、医院、老年建筑、幼儿园、学校教室等	办公楼、商店、旅馆、文化娱乐场所、书店、图书馆、展览馆、体育馆、公共交通等候室、餐厅、理发店等	
注：表中污染物浓度限值，除氡外均应以同步测定的室外空气相应值为空白值。			

77. 我国首部儿童家具强制性标准的儿童家具环保要求有哪些?

我国第一部强制性国家标准 GB 28007—2011《儿童家具通用技术条件》于 2012 年 8 月 1 日起正式实施,这个标准从保护儿童安全健康的角度,重点对设计或预定供 3 岁～14 岁儿童使用的家具产品的安全和环保制定了强制性的要求。最新统计数字表明,我国每年有 0 岁～14 岁儿童 2.224 亿,占总人口的 16.60%,儿童由于其生理特点,是室内环境污染伤害的主要受累人群,而家居环境是儿童活动的重要场所。

新标准对儿童家具的安全要求、警示标识、试验方法以及检验规则等九个部分都作了非常详细的要求,特别是将对儿童家具的安全要求、警示标识列为强制性条款。安全要求方面包括儿童家具的结构安全、有害物质控制和阻燃三个方面的要求。

标准中在儿童家具的环保方面,特别对儿童家具人造板材、涂料、纺织、皮草面料等主辅材料中可溶性重金属、甲醛释放量和可分解芳香胺等 10 种有毒有害物质,规定了限量指标,如表 3-8 所示。

表 3-8 儿童家具产品材料中有害物质限量指标

材料	项目		指标
人造板家具	甲醛释放量		1.5 mg/l
家具表面涂层	可迁移元素	锑 Sb	≤60 mg/kg
		砷 As	≤25 mg/kg
		钡 Ba	≤1 000 mg/kg
		镉 Cd	≤75 mg/kg
		铬 Cr	≤60 mg/kg
		铅 Pb	≤90 mg/kg
		汞 Hg	≤60 mg/kg
		硒 Se	≤500 mg/kg
纺织面料	游离甲醛		≤30 mg/kg
	可分解芳香胺		禁用
	pH		4.0～7.5
皮革	游离甲醛		≤30 mg/kg
	可分解芳香胺		禁用
	pH		3.5～6.0
塑料	邻苯二甲酸酯（DBP、BBP、DEHP、DNOP、DINP 和 DIDP 的总量）		≤0.1%

标准中在强调产品的有害物质限量应符合相关产品标准的要求的前提下，对儿童家具人造板材、涂料、纺织、皮革面料等主辅材料中重金属、甲醛释放量和可分解芳香胺等有毒有害物质规定了限量指

标，比对成人家具的要求更加严格和苛刻。

同时据中国室内环境监测工作委员会调查，我国新装修房屋60%以上存在着不同程度的甲醛污染问题，室内环境中的甲醛污染主要来自装饰装修和家具污染，而且儿童房是甲醛污染的重灾区。北京市儿童房装修污染检测调查发现72.2%的儿童房甲醛超标。儿童家具强制性标准中对儿童家具的结构安全、材料有害物质控制和阻燃要求进行了强制性的规范，对于保护儿童的室内环境健康安全具有重要意义。

78.《空气净化器去除PM2.5试验方法技术规范》的基本要求有哪些？

为了适应我国空气净化器市场发展需要，规范空气净化器去除颗粒物PM2.5检测方法，国家室内环境与室内环保产品质量监督检验中心依据国家和行业相关标准规范制定了检测评价空气净化器去除颗粒物PM2.5性能的GSH/J 2011—1《空气净化器去除颗粒物PM2.5检测方法技术规范》。这个技术规范于2011年11月发布，2012年1月实施。

这个技术规范作为国家室内环境与室内环保产品质量监督检验中心实验室为从事空气净化器研发、生产和销售的单位和相关实验室进行空气净化器性能检测评价提供的参考性文件。

《空气净化器去除颗粒物PM2.5检测方法技术

规范》的主要要点如下：

（1）技术规范的适用范围

规范适用于空气净化器去除空气中颗粒物PM2.5的洁净空气量的测定，适用于室内、车、船和航空器内的空气净化器。

（2）规范性中引用的标准和文件

这个技术规范中引用了GB/T 18801—2008《空气净化器》、GB/T 18883—2002《室内空气质量标准》，构成本技术规范的条文。

（3）技术规范中的术语和定义

技术规范中对可吸入颗粒物PM2.5、空气净化器、实验舱、洁净空气量、自然衰减、总衰减、额定风量、净化效率和净化寿命等专业术语进行了准确定义。

（4）技术规范的技术指标要求

为了保证空气净化器的净化性能，技术规范中要求空气净化器去除悬浮颗粒物的洁净空气量实测值应不小于标称值的90%；空气净化器去除悬浮颗粒物的净化效率应不小于50%；空气净化器（或可更换式净化部件）的净化寿命实测值应不小于标称值的90%。

（5）技术规范确定的试验方法

为了保证测试效果的准确性，技术规范中规定了包括实验室的试验设备、试验方法以及颗粒物去除PM2.5试验、总衰减试验和空气净化器去除

PM2.5净化寿命试验、净化效率试验和实验舱结构及设备的基本要求。

技术规范实施以来，国家室内环境与室内环保产品质量监督检验中心实验室为空气净化器研发、生产和销售单位进行了一大批空气净化器的净化颗粒物特别是PM2.5去除效果的试验，为发展我国的室内空气净化产业，为消费者提供质量可靠的空气净化器作出了贡献。

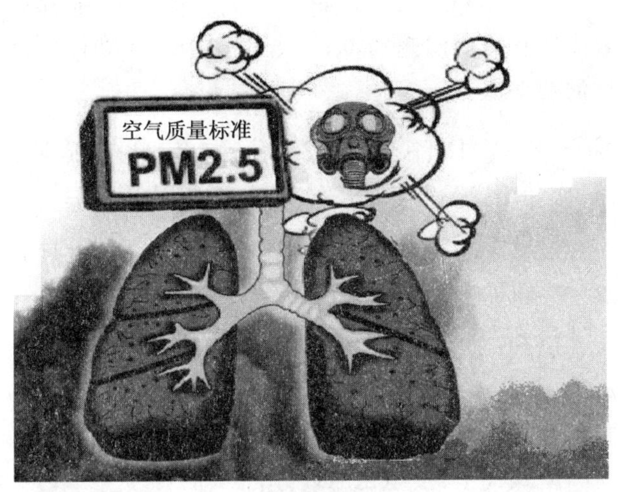

79. 怎样计算空气净化器的洁净空气量指标？

空气净化器净化效能按式(3-2)计算。

$$\eta = \frac{Q}{W} \quad \cdots\cdots\cdots\cdots\cdots (3\text{-}2)$$

式中：

η——净化效能，单位为立方米每小时瓦[$m^3/(h \cdot W)$]；

Q——洁净空气量实测值，单位为立方米每小时(m^3/h)；

W——功率实测值，单位为瓦(W)。

空气净化器若具有可分离的其他功能，则净化效能计算时的实测功率，只考虑实现净化功能所消耗的功率值。

80. GB/T 18801—2008《空气净化器》标准对净化器产品型号表示的规定？

GB/T 18801—2008《空气净化器》标准中规定空气净化器的产品型号应该表示成：

KJ [型式代号] [系列代号] [规格代号] [设计代号]

KJ是名称代号：空气净化器的两个汉语拼音字头。

型式代号：按净化原理分；

系列代号：以英文字母A、B、C……和阿拉伯数字0、1、2、3……的任意组合表示；

规格代号：洁净空气量，单位m^3/h；

设计代号：用字母A、B、C……，原型省略；

例如：

KJGT20 即洁净空气量为 20 m^3/h 的 T 系列过滤式空气净化器，原型设计

KJFOA30B 即洁净空气量为 30 m^3/h 的 OA 系列复合式空气净化器，第二次改进设计

81. GB/T 18801—2008《空气净化器》中空气净化器净化寿命的计算方法?

净化寿命采用空气净化器在净化寿命的试验过程中待试验污染物的平均浓度和运行时间的乘积再与该污染物的室内空气卫生标准容许浓度的比值来表示，净化寿命的计算方法见式(3-3)。

$$t_m = \frac{c_a t_a}{c_s} \qquad \cdots\cdots\cdots\cdots(3\text{-}3)$$

式中：

t_m——净化寿命，单位为小时(h)；

c_a——试验浓度，固态污染物(cpm)，气体(mg/m^3)；

t_a——试验时间，单位为小时(h)；

c_s——标准容许浓度，固态污染物(cpm)，气体(mg/m^3)。

82. GB/T 18801—2008《空气净化器》标志包装、运输及贮存的规定?

(1) 每台空气净化器应在明显位置固定标牌，标牌按 GB/T 13306 和 GB 4706.45 的相关规定并标有下列内容：

① 制造商或责任承销商的名称、商标或标志；

② 产品型号及名称；

③ 主要技术参数

额定电压、额定频率、额定输入功率、可去除的每一种污染物及相对应洁净空气量、净化效能（或总净化效能）等级；

④ 制造日期和/或产品编号。

（2）空气净化器应按 GB/T 191 和 GB 1019 的有关规定进行包装。

（3）包装箱内应附有合格证、装箱单和产品使用说明书。

（4）产品使用说明书应内容详尽，符合 GB 4706.45 和 GB 5296.2 的规定。

（5）产品在运输过程中禁止碰撞、挤压、抛扔和强烈的振动以及雨淋、受潮和暴晒。

（6）空气净化器应贮存于干燥、通风、无腐蚀性及爆炸性气体的库房内，并防止产品磕碰。

83. GB/T 22766.9—2009《家用和类似用途电器售后服务　第9部分》空气净化器的特殊要求的规定？

GB/T 22766.9 规定了家用和类似用途空气净化器售后服务的基本内容和基本要求。本部分适用于家用和类似用途空气净化器的售后服务中有关文

件的编制、实施及服务活动。

售后服务方的售后服务活动应符合GB/T 16784—2008和GB/T 16784.2—1998中的第4章内容、国家有关法律法规和本部分要求。

售后服务应具备与其经营范围相适应的服务场所、售后服务人员以及服务能力，确保产品生产企业与售后服务方正式约定的相关要求能得到满足。

售后服务方应安排专业人员对顾客咨询的空气净化器使用或保养知识进行讲解说明，减少无效上门服务。

售后服务人员在维修服务前应对空气净化器进行初检，以确定是否为空气净化器故障。若因用户使用不当，则应对顾客讲解空气净化器使用操作方法。

售后服务人员初检确定为空气净化器故障后，应进一步确定是否属保修范围。对超出保修范围的维修服务，应在服务提供前出示收费标准并进行报价。维修服务方案应在征得顾客同意后实施。

空气净化器故障维修前必须拔掉电源插头。售后服务人员应在保证不损坏空气净化器的前提下，使用专用工具、设备进行拆卸。零部件更换前应确保适用维修的空气净化器产品，并确保零部件合格。售后服务人员应在空气净化器修复后，对空气净化器进行通电试机，确保空气净化器正常运行并由顾客确认。空气净化器维修验收合格后，售后服务人员应请顾客在售后服务记录单上签字确认。

若发现空气净化器需更换消耗性净化部件或净化材料，售后服务人员应告知顾客，指导更换方法，并给出报价；或告知顾客服务热线电话，使其能获知需更换的消耗性净化部件或净化材料的价格、购买途径及使用方法。

四、空气净化器的选择与使用

84. 怎样正确选择空气净化器？

空气净化器正在逐步进入我们的家庭和办公室，但在实际使用中，市场上的产品使用效果却各不相同，怎样正确选择和使用空气净化器呢？

（1）看使用需求。根据需要净化的污染物种类选择空气净化器，HEPA 对烟尘、悬浮颗粒、细菌、病毒有很强的净化功能，催化活性炭对异味、有害气体净化效果较佳。

（2）看过滤材料。目前国内外空气净化器普遍使用的 HEPA 高密度滤材，可以吸附 0.3 μm 以上的可吸入颗粒物污染物，好的过滤材料吸附能力高达 99.9%以上；如果室内烟尘污染较重，可选择除尘效果较佳的空气净化器。

（3）看净化效率。房间较大，应选择洁净空气量大的空气净化器。例如 15 m^2 的房间应选择洁净空气在 120 m^3/h 的空气净化器。

（4）看使用寿命。随着净化过滤胆趋于饱和，净化器的吸附能力将下降，所以消费者应该选择具有再生功能的净化过滤胆（含高效催化活性炭），以延长其寿命。

（5）看进出风口设计。应综合考虑房间的格局与净化器的匹配。空气净化器进出口风的设计有360°环形设计的，也有单向进出风的。由于房间格局会影响净化的效果，若想在产品摆放上实现随意性，则应选择环形进出风设计的产品。

（6）看售后服务。净化过滤材料和过滤网失效后需要厂家及时进行更换，所以消费者应该选择售后服务完善的厂家生产的产品。

85．选择空气净化器要注意哪些要点？

（1）选择通过国家空气净化器绿色认证的产品。这些产品质量经过国家认可的检验机构检验，对空气净化器的电气性能和净化性能指标合格。

（2）选择正规厂家或者大品牌的产品。目前空气净化器的品牌不少，为了保证质量，最好还是选择正规厂家生产的产品。

（3）尽量选择体积大一些的产品。因为净化器体积比较大，要考虑过滤系统具有一定的容尘量、容气量，以便延长空气净化器过滤材料的使用寿命。

（4）为了保证更好的净化效果，可选择360°环形进、出风口的产品，以保证更大的工作面积。

（5）有条件的可以选择复合型的多功能空气净化器，可以保证在不同条件下都能够净化室内空气。

（6）净化器的外观造型和款式应根据自己的需要来选择，时尚的家庭可以选择液晶控制型，而追求

休闲的年轻人则可以选择卡通造型的空气净化器。

(7) 对于过滤式净化器，其核心部件是空气过滤系统，有条件的可以选择有几种材料组成的多级复合过滤系统。

(8) 选择风机风量尽量大一些的空气净化器。特别是过滤式空气净化器内，都有一个风机作为空气循环系统的能量来源，因为风量大，过滤效果和净化能力相应比较大。

(9) 老年人应选择操作便利、智能化程度比较高的空气净化器。

(10) 如果在北方地区，或者室内空气长时间比较干燥，可以选择加湿功能的净化器。

(11) 有条件的可以选择不同功能和净化方式的空气净化器，比如高效过滤功能和静电吸附式净化器配合使用。

(12) 家庭使用高效过滤式空气净化器最好选择具有静音功能的净化器，可以在晚上睡眠时使用。

(13) 有儿童和有宠物的家庭最好选择安全性能高的空气净化器，防止儿童或者宠物玩耍造成伤害。

86. 选购空气净化器的硬性指标有哪些?

在家电卖场和电商网站，各个品牌、各种功能的空气净化器琳琅满目，售价从两千元到近万元不等。

一个品牌下，不同功能、不同形态的产品也多达十几种，让人眼花缭乱，也让消费者无法选择。

要使室内空气质量达到一定的洁净标准，空气净化器必须符合以下的硬性指标：

(1) 风机风量指标。高效过滤的空气净化器必须保证室内空气达到一定的换气次数，即要求空气净化器内置的风机有一定的风量。高效的净化效果来自于强劲的循环风量，特别是带有风机的空气净化器，要求空气净化器拥有良好的空气循环，而电机是空气循环系统的心脏。国家相关标准要求净化机第1小时需要将整个房间内空气过滤5次以上，平均每12分钟需过滤一次，风量过小，有害物质不能充分被分解；风量过大，显然是浪费。因此，一般情况下，对于一个房屋高度为3 m，面积在20 m^2 左右的房间，最好选购一个风量在60 m^3/h 左右的空气净化器。这样才能达到真正的净化效果。

(2) 净化效率指标。净化效率(CADR)值是国家标准评价空气净化器性能的主要指标，数值越高，则表示空气净化器的洁净空气输出比率越大，净化器的净化效率越高。消费者在选购空气净化器，一定要看净化效率数值大小，普通需求的消费者应选择CADR值在120以上的产品，如对室内空气质量有较高要求，则需要选择净化效率值在200以上的产品。

(3) 能效比指标。能效比是国家空气净化器标

准中衡量空气净化器净化性能与电力消耗的重要指标，数值越高，代表空气净化器越节能，这一指标符合绿色环保理念。能效比良好的空气净化器，其能效比数值应当大于3.5。但是注意选择的净化器是否有风机，因为带风机的空气净化器净化效率比较高，同时由于需要消耗能源，能效比相对没有安装风机的净化器要高一些。

（4）安全性指标。除了一般家用电器的安全性指标以外，空气净化器的一个重要安全性指标是臭氧安全指标，臭氧已经被证明在室内空气环境中与健康危害相关，其浓度受到严格的限制并且制定了严格的测试方法。一些采用了静电净化、紫外灯消毒和负离子发生器的空气净化器可能在工作时产生臭氧，如果臭氧指标被控制在安全的范围内，是可以被接受的。

87. 消费者在选择空气净化器时怎样看检测报告？

消费者在选择空气净化器时，不仅要听商家的宣传，更要注意看产品质量检测报告。怎样看空气净化器的检测报告呢？注意重点看以下内容：

（1）看依据的检测标准，按照我国实施的国家标准检测合格的产品，检测报告必须依据 GB/T 18801—2008《空气净化器》的标准进行检测。

（2）看检测单位的资质，在我国生产和销售的空气净化器产品，必须有专业的第三方检测机构出具的检测报告，最好是国家级的专业检测单位的检测报告。

（3）看检测单位的检测范围，必须是对产品质量检测单位出具的检测报告，才具有权威性。

（4）看检测报告的资质，检测报告必须有计量认证标识 CMA、国家监督检查标识 CAL、国家实验室认可标识 CNAS。检测报告上的资质越多，表明检测单位的资质越高。

（5）看检测报告中产品的类型是否与实际销售的产品一致，如果不一致，说明检测报告不可信。

（6）看检测报告产品的型号与检测报告是否一致，因为不同型号的产品往往会有不同的功能，应该区别检验。

(7) 看检测报告的时间和产品生产和出厂的时间,相隔时间比较短的检测报告可信程度比较高。

(8) 看检测报告上面的防伪标识,如果没有防伪标识,或者防伪标识模糊不清,在购买时要注意。

88. 消费者在购买空气净化器时要看说明书哪些内容?

消费者在选购时,要仔细阅读其产品说明书,消费者在选购时如果遇到厂家销售员的宣传,要仔细阅读产品的使用说明书,防止厂家销售员的虚假宣传。

(1) 看说明书中介绍的净化对象,是否符合消费者的购买需求。比如消费者准备购买净化甲醛污染性能的空气净化器,说明书上面有没有专门对甲醛净化效果的测试,再看一看甲醛测试效果是多少,这应该是选择净化器最好的办法。如果没有,就不具备净化甲醛污染的性能。

(2) 看风机的风量。根据风机风量的大小,计算适用房间的面积,保证净化器的净化效果。注意净化效率:房间较大,应选择洁净空气量大的空气净化器;例如 15 m^2 的房间应选择洁净空气量在 120 m^3/h 的空气净化器。

(3) 看过滤材料的性能。高效过滤功能、静电吸附功能、还是复合型的空气净化器。

(4) 看除菌功能。针对空气净化器的除菌功能的保证 2011 年 9 月 GB 21551.3—2010《家用和类似用途电器抗菌、除菌、净化功能 空气净化器的特殊要求》开始实施。如果产品厂家声称自己的产品具有除菌功能，应在产品说明书中具体标明其产品具有此标准规定的功能、指标及净化材料更换或再生周期与方法。

(5) 看说明书中的维修网点。因为空气净化器中的净化材料需要经常地更换，最好选择维修网点比较多，维修维护比较方便的产品。

(6) 看产品的安全警示。一些空气净化器采用的净化技术在使用时有严格的要求，消费者一定要注意看说明书上的安全警示，比如臭氧杀菌消毒净化器的使用条件的要求等，防止使用不当造成不良后果。

89. 北京奥运会的场馆中怎样解决甲醛污染难题？

北京奥运会的"绿色奥运"理念为空气净化业提供施展产品和技术的机会，为了有效地控制奥运场馆中的包括甲醛污染问题在内的室内环境污染问题，在 2005 年召开的"北京 2008 年奥运会独家供应商配套供应商招标大会"上，发布在奥运会工程中，有近 20 亿元的室内空气净化器配套采购计划，结果吸引了 500 多家中国、日本等境内外企业的先进室内环境净化产品和技术前来竞标。

为保障北京奥运会室内空气质量。以生产室内空气净化器和加湿器为主要产品的北京亚都公司成为空气加湿净化器的独家供应商，研制的解决室内环境污染问题的各种具有分子络合技术、负离子技术的空气净化器成为提高奥运场馆和接待场所室内环境质量的首选。

北京亚都科技股份有限公司承接了国家“十五”攻关项目——建筑室内空气净化器研制项目，研制出具有6项功能的创新产品。针对如何解决北京奥运会室内环境污染的难题，亚都公司积极组织专家及科技人员进行自主开发，在解决普遍存在的甲醛污染问题方面取得了重大突破，并最终确定用空气净化器对室内装修污染气体进行净化。该产品采用的甲醛捕捉剂，经国家室内环境与室内环保产品质量监督检验中心检测，净化甲醛效果显著，获得了国家科技发明二等奖。

90. 怎样选择净化甲醛污染的空气净化器？

现在新装修家庭和购买新家具的家庭和办公室，最关心的是怎样通过空气净化器净化室内环境中的甲醛污染，越来越多的消费者买净化器是为了解决装修污染和甲醛污染问题。可是，一些消费者发现在市场上购买的空气净化器用了一段时间，没有什么效果，误认为空气净化器不能够除甲醛。

根据国家室内环境与室内环保产品质量监督检验中心检测证明，目前在市场上销售的一部分空气净化器净化甲醛效果比较好，成为解决室内环境甲醛污染的重要手段之一。此类净化器运用催化技术和化学中和技术，对甲醛等有害气体进行催化分解，消除甲醛污染的效果还是比较好的。那么怎样才能够选择一台净化甲醛污染的空气净化器呢?

(1) 选择专业除甲醛的净化器。虽然市场上销售的空气净化器都宣称能够净化甲醛污染，但是有一部分空气净化器，是不能够除甲醛的，或者说是不以解决甲醛污染为主。

(2) 看空气净化器的检测报告。在选择除甲醛空气净化器时，消费者不要片面听信销售员的宣传，一定要看产品的报告说明，上面有没有专门对甲醛净化效果的测试，再看一看甲醛测试效果是多少，这应该是选择净化器最好的办法。

(3) 注意净化器甲醛的净化效率。选择了净化甲醛污染的空气净化器，还要注意空气净化器的净化效率，才能保证效果。房间较大，应选择洁净空气量大的空气净化器。例如 15 m^2 的房间应选择去除甲醛的洁净空气量在 120 m^3/h 的空气净化器，才能够保证净化器净化甲醛污染的效果。

(4) 注意空气净化器净化甲醛的寿命。很多消

费者买了净化甲醛污染的空气净化器以后，用了一段时间，感觉效果下降了，实际上净化器的过滤材料是有寿命的。一方面吸附材料会有一定的吸附量，另一方面，如果室内环境甲醛污染比较严重，过滤材料的使用寿命也会缩短。

(5) 不要迷信进口品牌。因为甲醛污染问题是我国室内装饰装修和家具中的污染问题，只有针对我国市场研发生产的进口品牌空气净化器才能够有比较好的净化甲醛效果，如果不是针对我国市场生产的空气净化器，消费者在购买时要注意是不是具有净化甲醛污染性能。

(6) 要判定购买专门净化甲醛还是附加净化甲醛污染性能的净化器。要看产品的信誉如何，是否经过一些检测部门的检测。

(7) 选择售后服务好的甲醛净化器。因为除甲醛的空气净化器需要经常更换甲醛净化滤芯，甲醛净化滤芯失效后需到厂家更换，所以消费者应该选择大品牌、知名度高和售后服务完善的厂家生产的产品。

91. 怎样选择智能化程度高的空气净化器？

随着信息化时代的到来和现代科学技术的发展，空气净化器也在设计上不断加入了智能化和信息化的技术，可以在购买时选择：

（1）自动检测装置。专家和企业研发了一种内置异味传感器和微尘传感器的空气净化器，可以自动检测空气中的各项污染源，并根据检测到的环境空气质量状况自动控制机器的运行状态。

（2）空气净化度指示。有的空气净化器安装了空气质量显示功能，空气净化器在运行过程中，空气净化指示灯由会随时显示室内空气质量，一目了然地指示当时环境下空气质量的状态。

（3）安全使用装置。有的空气净化器在安全方面上也有独特的设计，机箱没有关紧或者倾斜大于或等于 15°，空气净化器不能开机运行。

（4）滤芯更换提醒装置。由于净化器的滤芯需要经常更换，有的空气净化器设置了高效过滤器、纤维滤网、活性炭滤网更换检测警示装置，及时提醒使用者更换过滤网，或者清洗滤芯。

（5）定时开关机装置。根据空气净化器需要定时开、关机的要求，一些空气净化器设计安装了定时开关机的装置，可以按照使用者的要求定时开启或者关闭空气净化器。

（6）智能化装置。可以根据使用房间的空气质量状况，自动启动或者调整空气净化器的工作状态，减少使用者的烦恼。

92. 消费者怎样根据标识辨别空气净化器的净化技术？

为了便于企业统一生产销售和消费者根据空气净化器的标牌辨识不同类别的空气净化器，GB/T 18801—2008《空气净化器》中规定了不同技术类型的空气净化器必须标识的品牌标志，列于表4-1。主要有以下10种标识：

(1) 标识字母"G"的空气净化器，为过滤式空气净化器。采用具有很多细孔的纤维状或海绵状物质组成，当含有固体污染物的气流通过这些细孔时，固体污染物就与细孔周围的物质相碰撞或扩散到四周壁上被孔壁吸附，与气流分离。主要净化室内环境中的可吸入颗粒物污染，包括PM10和PM2.5污染物。

（2）标识字母“X”的空气净化器，为吸附式空气净化器。采用使用内部充满微孔，每一个微孔的容积与内部表面积都很大的材料作为吸附剂，选择性地将气流中的某一种或多种气体成分浓缩固定在吸附剂的表面微孔上。主要净化室内环境中的化学污染物，包括装饰装修和家具的甲醛污染，汽车内的挥发性有机物污染。

（3）标识字母“L”的空气净化器，为络合式空气净化器。采用络合技术对室内化学污染物先行分子络合锁定，再通过专用捕捉剂和以水组成的络合分解体系，分别将气态短分子链物质迅速络合转化为不可逆的长分子链固态物质，并分解生成氨盐，结聚、沉淀于水中清除分离，排放出清洁空气，达到去除化学污染的目的。主要净化室内环境中的化学污染物，包括装饰装修和家具的甲醛污染，汽车内的挥发性有机物污染。

（4）标识字母“H”的空气净化器，为化学催化式空气净化器。采用化学催化剂改变其他物质的反应速率，而本身的质量及化学性质在化学变化前后并不改变。催化剂的作用可以加速或者减慢化学反应的速度。主要净化室内环境中的化学污染物，包括装饰装修和家具的甲醛、苯和氨等污染，汽车内的挥发性有机物污染。

(5) 标识字母"P"的空气净化器,为光催化式空气净化器。采用光催化技术的净化器,主要是利用在一定波长的光线照射下具有很高活性的光催化剂,可以直接杀灭细菌与分解有机物生成二氧化碳与水。主要净化室内环境中的生物污染和化学污染物,包括装饰装修和家具的甲醛、苯和氨等污染,汽车内的挥发性有机物污染。

(6) 标识字母"J"的空气净化器,为静电式空气净化器。利用电晕放电原理产生高浓度的离子(室内环境使用,一般为正离子)使气流中的固体污染物带电,然后借助库仑力的作用将带电的固体污染物捕集到收尘板上,达到除尘的目的。主要净化室内环境中的可吸入颗粒物污染,包括 PM10 和 PM2.5 污染物。对生物污染也有一定的杀灭作用。

(7) 标识字母"N"的空气净化器,为负离子式空气净化器。主要是采用负离子发生器,负离子是由于电晕放电,空气被电离而产生的对人体健康有益的负离子。主要净化室内环境中的可吸入颗粒物污染,有提高室内空气质量的作用。

(8) 标识字母"D"的空气净化器,为等离子式空气净化器。主要是采用电子辐照或高能放电,可以使空气中的正负离子及大量的自由电子处于激发状态,从而获得巨大的能量。高能离子与周围的气体相碰撞,将气体分子激活,产生多种自由基。这些活性自由基能对有害气体产生催化氧化、分解等化学反应。主要净化室内环境中的化学污染物，包括装饰装修和家具的甲醛、苯和氨等污染，汽车内的挥发性有机物污染。

(9) 标识字母“F”的空气净化器，为复合式空气净化器。这一类空气净化器主要由两种或两种以上的净化部件集成组合形成，同时发挥净化功能，取得更好的净化效果。主要净化室内环境中的生物污染、化学污染物和可吸入颗粒物污染，包括装饰装修和家具的甲醛、苯和氨等污染，汽车内的挥发性有机物污染。

(10) 标识字母“Q”的空气净化器，为除了以上9种空气净化技术界定的，新出现的空气净化技术，如采用化学吸收、液体洗涤以及生物等技术的空气净化技术。

表 4-1 空气净化器标识和对应主要技术表

代号	净化器类型	主要净化原理	主要净化污染物
G	过滤式	采用具有很多细孔的纤维状或海绵状物质组成，当含有固体污染物的气流通过这些细孔时，固体污染物就与细孔周围的物质相碰撞或扩散到四周壁上被孔壁吸附	室内环境中的化学污染物
X	吸附式	使用内部充满微孔，每一个微孔的容积与内部表面积都很大的材料作为吸附剂，选择性地将气流中的某一种或多种气体成分浓缩固定在吸附剂的表面微孔上	室内环境中的化学污染物

表 4-1（续）

代号	净化器类型	主要净化原理	主要净化污染物
L	络合式	螯合物又称内络合物，是螯合物形成体（中心离子）和某些合乎一定条件的螯合剂（配位体）配合而成具有环状结构的配合物	室内环境中的化学污染物
H	化学催化式	催化剂：可以改变其他物质的反应速率，而本身的质量及化学性质在化学变化前后并不改变。催化剂作用下的化学反应可以加快或者减慢化学反应的速度	室内环境中的化学污染物
P	光催化式	利用在一定波长的光线照射下具有很高活性的光催化剂，可以直接杀灭细菌与分解有机物生成二氧化碳与水	室内环境中的化学污染和生物污染物
J	静电式	利用电晕放电原理产生高浓度的离子（室内环境使用，一般为正离子）使气流中的固体污染物带电，然后借助库仑力的作用将带电的固体污染物捕集到收尘板上，达到除尘的目的	可吸入颗粒物污染和生物污染
N	负离子式	负离子是由于电晕放电，空气被电离而产生的	可吸入颗粒物污染

表 4-1（续）

代号	净化器类型	主要净化原理	主要净化污染物
D	等离子式	采用电子辐照或高能放电，高能离子与周围的气体相碰撞，将气体分子激活，产生多种自由基。这些活性自由基能对有害气体产生催化氧化、分解等化学反应	室内环境中的化学污染物
F	复合式	由两种或两种以上净化部件集成组合形成，同时发挥净化功能，取得更好的净化效果	室内环境中的化学、生物和可吸入颗粒物污染
Q	其他类型	除了上述 9 种空气净化技术界定的，新出现的空气净化技术，如采用化学吸收、液体洗涤以及生物等技术的空气净化技术	

93. 空气净化器适用的场所有哪些？

如果有条件一般的家庭和公共场所都应该推广使用空气净化器，下面这些场所尤其需要使用空气净化器：

——刚刚装修或翻新的家庭；

——新购买家具的家庭或者办公场所；

——老人院和有老人居住的家庭居所；

——家庭中的儿童房和幼儿园等场所；

——孕妇的家庭和经常接待孕妇的场所；

——有哮喘、过敏性鼻炎及花粉过敏症人员的居所；

——饲养宠物的家庭和其他场所；

——较封闭的家庭房间和其他场所；

——有吸烟人的家庭或受到二手烟影响的场所；

——宾馆、饭店和酒店等公众场所；

——居住和办公场所在闹市区的场所；

——居住和办公场所与城市主要交通道路相邻的场所；

——医院和其他医疗卫生场所。

94. 空气净化器适用于哪些人群？

(1) 孕妇：孕妇在空气污染严重的室内会感到全身不适，出现头晕，出汗，咽干舌燥，胸闷欲吐等症状，对胎儿的发育产生不良的影响。患上心脏疾病的可能性是呼吸清新空气的孕妇所生孩子的3倍。

(2) 儿童：儿童身体正在发育中，免疫系统比较脆弱，容易受到室内空气污染的危害，导致免疫力下降，身体发育迟缓，诱发血液疾病，增加儿童哮喘病的发病率，使儿童的智力大大降低。

(3) 老人：老年人身体机能下降，往往多种慢性疾病缠身。空气污染不仅引起老年人气管炎、咽喉炎、肺炎等呼吸系统疾病。还会诱发高血压、心脏病、脑溢血等心脑血管疾病。

(4) 呼吸道疾病患者:在污染的空气中长期生活会引起呼吸功能下降,呼吸道症状加重,尤其是鼻炎、慢性支气管炎、支气管哮喘、肺气肿等疾病。另外,肺癌、鼻咽癌患病率也会有所增加。

(5) 新装修和新更换家具的家庭成员:室内装修所产生的危害健康物质主要是甲醛、苯以及苯系物质。甲醛已经被世界卫生组织确定为致癌和致畸形物质,长期接触可引起各种呼吸道疾病以及月经紊乱,白血病,青少年记忆力和智力下降等。

(6) 办公室写字楼工作人员:在高档写字楼里上班是一份让人羡慕的职业。但是在恒温密闭的空气质量不好的环境中,容易导致头晕、胸闷、乏力,情绪起伏大等不适症状,影响工作效率,引发各种疾病,严重者还可致癌。

(7) 长时间驾驶车辆的司机:可以防止车内环境污染问题,同时可以净化汽车行驶过程中的大气环境污染和汽车尾气污染。

(8) 医院工作人员:可以有效地降低各种生物污染的传染和感染,阻止传播疾病。

(9) 在城市和大气污染严重的地区生活和工作的人员:城市中的大气污染特别是 PM2.5 的污染问题,会影响这些人的身体健康。

95. 怎样正确使用空气净化器?

正确使用空气净化器不仅可以保证空气净化器

的使用寿命，而且可以保证净化器的最佳净化效果。在使用中注意以下环节：

(1) 要根据污染情况启动空气净化器清洁空气。比如净化PM2.5污染的空气净化器，最好在大气污染严重，或者室内环境污染的情况下使用，可以保证很好的净化效果。如果大气空气质量很好，就没有必要长时间地开启空气净化器。夏季和冬季可以与加湿器联合使用，效果最佳。

(2) 要及时做好净化器的清洁和保养，安装了清洗信号灯的静电吸附式信号灯亮时表示集尘已满，要清洗集尘极板。

(3) 高效过滤功能的净化器可以经常查看滤芯更换指示灯，如果没有指示灯可以打开机器查看滤芯的污染情况，如果滤芯变黑，就要马上更换滤芯了。

(4) 在使用中注意观察空气净化器的净化效果，如果发现净化效果明显下降，或者开启空气净化器以后发现有异味，就要及时更换过滤材料和清洗过滤器了。

(5) 注意使用安全。静电吸附式空气净化器在使用时，应避免儿童直接接触，因其电压很高，以防触电。活性炭滤芯和高效过滤器注意在使用中远离火源，要注意吸烟人的烟头不要吸入，防止发生火灾。

(6) 空气净化器使用时摆放的位置也很重要，

尽量不要靠墙壁或者家具摆放，最好在房屋中间，或者在使用时离开墙壁 1 m 以上的距离。

(7) 一般的空气净化器不要放在离人体太近的地方，因为净化器周围有害气体比较多。如果是净化吸烟烟雾的净化器，可以离吸烟人距离近一些。

(8) 房间有条件开窗通风的情况下，不要使用空气净化器。但是开窗通风时要注意室外大气污染情况。

(9) 如果选择具有加湿功能的净化器，或者是采用湿法净化技术的空气净化器，注意在夏季梅雨季节、桑拿天或者湿度大的场所不能使用，会大大降低空气净化器的净化效果。

(10) 注意一般情况下人不在房间的时候，不要长时间开启除甲醛的空气净化器。但是臭氧消毒净化器尽量注意不要人在房间的时候开启，可以关闭门窗，一个房间一个房间地开启。

(11) 空气净化器净化室内空气，只作为补充通风量的不足，不能完全替代通风。

96. 怎样保养和维护空气净化器?

空气净化器不同于电冰箱、洗衣机和电视机等家用电器，一般情况下不需要进行保养，而空气净化器则需要进行经常性的保养与维护，才能够保证正常工作，否则空气净化器就成为了不但不会净化室内空气，反而会污染室内空气的产品。

空气净化器的保养，要根据不同品牌、不同类型空气净化器来定，不过，一般情况下，保养与维护都比较简单。

(1) 前置过滤网。一般为机箱后盖的位置，使用的时间长了，会聚集一些灰尘，从而影响进风，影响空气净化的效果。所以，需要用吸尘器把灰尘吸走，或者用抹布清理，甚至水洗。

(2) 净化器滤芯。注意定期更换滤芯，更换滤芯的时间要根据产品实际使用时间来确定。部分过滤网是需要定期拿到太阳底下去晒一晒，净化效率才能较好地保持，如活性炭滤网。一般来说，室内环境污染较严重的 3 个月到半年就要更换一次。即使环境比较干净，最好也一年更换一次滤料。

(3) 静电集尘网。静电式和离子式空气净化器有静电集尘网，要注意经常清洗，洗净干燥以后再使用，以免产生放电声响。

(4) 水洗滤网。一些品牌空气净化器采用湿法净化技术，通过水洗空气的方法净化室内空气，注意经常清洗水洗滤网，可以保持净化效率，缩短换滤网的周期。

(5) 外壳进出风口的集尘。在空气净化器工作过程中，空气净化器外壳上的进出风口易集尘，时间长了会影响净化效果，成为污染源，应及时擦拭掉。

(6) 及时更换过滤材料。当空气净化器的尘量指示仪中的显示标升到最高点，就表明过滤器已被尘埃堵塞，需更换滤芯里的滤料。

97. 怎样才能及时为空气净化器更换过滤材料？

大部分空气净化器依靠过滤材料来达到净化效果，如果过滤材料失去效果，不但不能够净化室内空气，反而会污染室内环境。怎样才能过及时更换净化器中的过滤材料呢？使用者可以注意以下方面：

（1）注意空气净化器的指示系统。当空气净化器的尘量指示仪中的显示标升到最高点，就表明过滤器已被尘埃堵塞，需更换滤芯里的滤料。

（2）注意净化器显示的更换时间。有的机器上显示了更换时间，一般情况下，在更换时间内及时更换吸附材料，就能够保证空气净化器的正常使用。

（3）自己进行检查。大部分空气净化器没有显示系统，消费者可以在关闭净化器，拔掉净化器电源以后，按照使用说明将机器打开检查，发现过滤材料变黑，及时更换。

（4）看使用时间。做到勤更换，避免这些材料成为污染源。室内环境污染较严重的 3 个月到半年就要更换一次，即使环境比较干净，最好也一年更换一次滤料。

（5）看净化效果。随着净化器的净化材料趋于饱和，净化器的吸附能力将大大下降，消费者应该留心观察空气净化器的净化效果，如果发现净化效果

下降，净化效果不明显，就要及时更换过滤材料，以保证净化效果。

98. 选择车用空气净化器应注意哪些方面？

随着 GB/T 27630—2011《乘用车内空气质量评价指南》的发布实施，车内空气污染问题越来越受到了全社会的重视，车内空气净化器成为众多车友的选择。目前，车载空气净化器的净化原理与室内空气净化器的原理基本相同，因为车内空间比较小，车内污染物与室内环境不同等原因，车友们在选择车内空气净化器时主要注意以下方面：

(1) 安全性能。安全是车内空气净化器首要考虑的因素。因为汽车在高速行驶之中,安装在车内空间的任何物品都可能发生危害驾车人和乘车人安全的情况,所以车内空气净化器一定要安装牢固,固定的位置要求安全,在紧急情况下不会影响驾车人的驾驶和乘车人的安全。如果放置后存在安全隐患,再好的空气净化器也不能被选用。

(2) 安装方便。因为汽车是一个整体产品,在设计师设计上已经考虑了安全方面的相关因素,所以车内空气净化器一定要考虑安装是否方便,既不会破坏汽车的内部装饰效果,又能够保证车内放置的方便和安全。同时还要保证使用时清洗和更换滤芯的方便。

(3) 动力设计。由于受到了汽车内的电源能量局限,汽车内空气净化器一定要采用低消耗的设计,才能够在保证车辆正常行驶的情况下,空气净化器正常使用而不会影响车辆正常运行。有一款利用太阳能作为动力的车内空气净化器可以选择。

(4) 外形体积。由于车内空间比较狭小,车用空气净化器的外形体积不可能设计得特别大。但是如果设计得太小,会影响到空气净化器的净化效果。

(5) 外观设计。汽车是一种中高档商品,所以车用空气净化器的设计一定注意与车内空间环境设计的一致性。比如在造型设计、外观设计、色彩设计等方面注意与不同档次的车辆相配套。

(6) 制造材料。汽车轻量化的要求尽量减少进

入车内材料的重量,所以车用空气净化器也要注意自身的重量控制,尽量选择轻质材料。同时,车内环境会出现温差比较大、使用环境变化比较大的情况。在车用空气净化器的结构设计和材料选择上要注意。

五、空气净化器的发展

99. 你知道空气净化器的起源吗?

空气净化器发源于消防用途。1823 年,约翰和查尔斯·迪恩发明了一种新型烟雾防护装置,可使消防队员在灭火时避免烟雾侵袭。1854 年,一个名叫约翰斯·滕豪斯的人在前辈的基础上又取得新进展,通过数次尝试,他了解到向空气过滤器中加入木炭可从空气中过滤出有害和有毒气体。

二战期间,美国政府开始进行放射性物质研究,他们需要研制出一种方式过滤出所有有害颗粒,以保持空气清洁,使科学家可以呼吸,于是 HEPA 过滤器应运而生。在 20 世纪五六十年代,HEPA 过滤器一度非常流行,很受防空洞设计和建设人员欢迎。

进入 20 世纪 80 年代,空气净化的重点已经转向空气净化方式,如家庭空气净化器。过去的过滤器在去除空气中的恶臭、有毒化学品和有毒气体方面非常好,但不能去除霉菌孢子、病毒或细菌,而新的家庭和写字间用臭氧空气净化器,不仅能清洁空气中的有毒气体,还能净化空气,去除空气中的细菌、病毒、灰尘、花粉、霉菌孢子等。

现在，空气净化器已经有了多种不同的设计制作方式，并且每一次技术的变革都为人们室内空气品质的改善带来明显效果。空气净化器具有滤去尘埃、消除异味及有害气体、双重灭菌、释放负离子等功效，不但能够解决甲醛污染问题，在全球室内外空气污染越来越严重的情况下，解决空气中的可吸入颗粒物污染，在解决室内空气无毒的情况下，进一步提高我们的室内空气质量。

随着我国经济建设发展和人们生活水平的提高，人们的住房条件得到了大幅度的改善，由于建筑装饰装修和家具造成的室内环境污染问题，成为全社会关注的安全问题之一。世界卫生组织将室内污染列为威胁人类健康的10大危害之一，国际癌症研究机构将室内环境中的甲醛污染列为一类致癌物质。

100. 为什么说我国空气净化器的应用与发展空间巨大？

早在10年前空气净化器在我国就已出现，最初主要被消费者用来净化新装修后的室内空气，以除甲醛为主，但销售状况一直不佳。随着城市空气污染问题日益严重，空气净化器开始被商家赋予消除PM2.5等细微颗粒物、消除过敏源等新功能，主力消费人群也逐渐向普通家庭用户扩展。

数据显示，2011年中国空气净化器的销售量及销售额同比分别增长27%和23%，预计2011年至2015年，中国空气净化器产业将保持年均30%的速度高速增长。

目前，环境电器在中国家电市场仍处于起步阶段。和发达国家相比，中国的公共场所和城市家庭才刚刚开始使用空气净化器等环境改善类电器，人均占有率还很低。此类电器的厂商正积极抢占这块市场“大蛋糕”。

2011年，全球空气净化器年销售达到1 000万台，北美是最大市场。亚洲市场销售总量为300万台。2011年3月，夏普空气净化器进军中国市场，除此之外，松下、飞利浦、远大、大金、美的等国内外电器制造商先后宣布拓展中国空气净化器市场。

过去，亚都空气净化器一直拥有过半的市场占有量，一度达到了60%的市场占有量，在高端的空气净化器市场，它将国内别的对手远远地甩在了后面。但是除了这些原来的家电生产商，空气净化器的市场还是一片任人开发的蓝海。

2011年12月底，我国《空气净化器环保认证规则》在北京发布。国家室内环境与室内环保产品质量监督检测中心预计：到“十二五”末期，我国空气净化器的产值可以达到1 000亿元以上。随着即将实施的PM2.5新标准，人们对空气质量要求愈来愈高，空气净化器在将来或许是我们购买常用家电清单里必不可少的一项。

101. 为什么空气净化器将成为室内环保行业的新星？

中国室内环境监测工作委员会调查发布，以解决室内空气污染提高室内空气品质的空气净化器产品作为室内环保行业的重点产品之一，已经得到了广大消费者的认可，成为我国“十二五”期间室内环保行业发展的主导产业，年产值将达到 1 000 亿元。主要原因有：

(1) 随着中国经济的持续高速发展，人民生活水平不断提高，但伴随的环境污染问题越来越突出，中国空气质量却持续下降，装饰装修和家具造成的室内环境污染问题，人们呼吸道疾病的发病率越来越高。随着人们健康意识开始不断增强，人们对室内环境的要求越来越高，刺激家用空气净化器市场需求持续增强。

(2) 空气净化行业尚处于发育期，在我国还是一个朝阳产业。目前还处于产品品类较少，市场规模小，竞争程度也相对低一些。按照应用领域可以分为：家用空气净化器、车载空气净化器、医用空气净化器、工业用空气净化器和工程类空气净化器等。

(3) 目前中国家庭对空气净化器的关注度日渐升温，但实际在中国家庭的普及率并不高。空气净化器在国内所占的市场份额还不到 1 个百分点，和发达国家相差甚远，尤其在北美地区，空气净化器的普及率接近30%，在日本也达到17%。被称为解决室内空气污染问题的空气净化器产品尚未引起中国家庭的重视。

(4) 近两年空气净化器销量日渐升温。消费者选择的是空气净化器除甲醛、除苯的功能。而2011年开始对于PM2.5的议论则将可吸入颗粒物净化的理念带给了大众，让空气净化设备产业迎来商机。但从总体上看，近年来我国空气净化器市场呈现上升趋势。目前正处于市场成长期，因为这是一个不饱和市场，所以非常有潜力。

102. 空气净化器产品的发展趋势是什么?

随着消费者室内环境意识的提高，室内环境净化治理产品找到了发展的契机，已逐渐成为继电视机、电冰箱、空调器等之后的又一种家用电器，开始受到人们的瞩目。从空气净化器的发展趋势来看，目前市场上主要有这样几种产品。

第一代产品是最早出现在市场上的净化器，这些按物理性能设计的净化器，具有过滤、吸附处理杂质等功能，可以有效地净化室内空气中的悬浮物和少部分有害物质。但是，对室内空气中的异臭异味、病原菌、病毒、微生物以及装饰装修造成的空气污染根本无法消除。

第二代产品是在第一代产品的物理性能基础

上，增加了静电除尘、负离子发生器、臭氧发生器等功能。这种多功能净化器不仅可以消烟除尘，而且具有消毒、杀菌、除臭去味以及消除一氧化碳等有害气体的功能。

但是，第二代净化器仍然存在着不能分解有机污染物的弊病。近年来，空气污染治理专家在多年科学研究的基础上，采用先进的纳米技术，成功地研制出了高效率催化和光催化净化技术，是理想的全方位的空气净化器，目前已经有生产厂家进行研制，并逐步投入市场。

103. 为什么空气净化器市场还有很大的发展空间？

近几年空气净化器已成为家电市场主要的热门产品之一。装饰装修和家具造成的甲醛污染、非典病毒、新型流感、建筑物综合征、PM2.5污染等一系列室内空气质量问题的出现带动全球室内空气净化设备的发展。空气净化器已成为全球家电市场备受关注与追捧的热门产品。

自2009年起，全球各大家电企业及空气净化装置专业公司均不同程度地扩充了空气净化器的产能，产品从高功能到普及型延伸，形成相对完备的商品阵营。中研普华《2012—2016年空气净化器行业竞争格局与投资战略研究咨询报告》显示，2011年空气净化器全球市场容量2000万台左右，将近

80%产自中国。

虽然我国空气净化器年产量超过千万台，但本地市场年销量仅100多万台，办公场所和城市家庭的使用才刚刚起步，市场处在导入的初级阶段，普及率不到1%。北美是最大空气净化器市场，年销量近800万台，欧洲和亚洲每年空气净化器的销量也在600万台以上。

发达国家对室内空气质量的重视与严格监测是推动市场发展的主要力量。发达国家的空气净化器市场目前已相当成熟，日本和美国是世界上两大空气净化器生产国和消费国，其年需求量总和在1 000多万台以上。我国家用净化器今后市场的需求规模可达到1 000亿元，这是一个潜力巨大的市场。

未来几年内，我国室内环境净化治理产业将处于快速成长期，预测保持每年28%的复合增长率。

104. 为什么空气净化器成为家电行业新增长点?

空气净化器产品在某些国家的使用率高达80%以上，但是在国内还不到1%。这同消费者对此产品重视不够，流通渠道、生产厂家推动较少有很大关系，但相比之下，中国消费者对装修之后的空气污染却格外重视，这正是中国空气净化器市场的发展潜力所在。解决甲醛污染是主要问题，中国室内环境监测工作委员会调查，80%消费者购买空气净化器

是为了解决装饰装修和家具污染问题。据中国室内环境监测工作委员会调查，目前中国房屋装修之后的甲醛超标率超过60%以上。

客观情况让中国开始对空气净化器的需求迅速增大。目前，空气净化器产品已经得到了企业和消费者的广泛关注，空气净化器正成为家电行业新的增长点。

中国目前并没有特别突出的空气净化器品牌和产品，但是该产品已经成为了很多企业新的投资方向。除了一直从事环境电器产品的亚都之外，诸如美的、远大等传统空调企业也开始进入空气净化器产业。外资品牌中，大金、飞利浦、夏普都有很全面的空气净化器产品。值得注意的是国际健康产品企业安利也开始推出空气净化器。随着众多大品牌厂家的进入和大力推进，空气净化器产品正在得到消费者的关注，空气净化器市场正迅速升温。

特别是2008年北京奥运会、2010年上海世博会、2010年广州亚运会、2011年深圳大运会等赛事都为室内和车内空气质量的改善提出了更高的要求，发展和完善了我国的空气净化器产业和技术。

105. 空气净化器行业发展方向是什么？

据中研普华数据显示：2011年中国空气净化器市场中千元以下以及3 000～3 999元价位段的空气净化器产品关注度较高，分别占了23.6%和23.1%

的市场关注比例。而4 000～4 999元价位段的空气净化器产品关注比例最低，只有7.3%。

同时，随着空气净化器新品牌的迅速增加，同质化竞争将日趋激烈，空气净化器的竞争已不只在产品的层面，概念的炒作上，空气净化器即将进入品牌竞争时代，各厂家将从品牌的知名度、认知度、美誉度、忠诚度展开全面的竞争。空气净化器经销商应从这两个方面进行选择。

据调查，目前全国有空气净化器企业200多家，以中小企业为主，产量成规模的大企业较少，主要集中在长三角及珠三角地区，国内空气净化器知名品牌有亚都和美的。金融危机后，外资品牌更关注中国市场，欧美品牌主要以瑞宝、伊莱克斯、飞利浦为代表，日系品牌有松下、夏普等。经销商在进入市场前，应充分做好市场调研和定位，选择适合本地市场的品牌产品。

总体而言，公众对空气净化器产品的认知和接受程度还不稳定，传统渠道的销售量还十分有限，国内市场普及率还有非常大的提升空间。

中研普华家电行业研究员高建宏建议经销商：在初期可通过直接拜访目标很明确的有潜在购买需求及购买能力的集团客户（如OFFICE、酒店、医院、娱乐场所、车商等）的方式，进行面对面的沟通和演示让顾客了解产品的功能和特点，并通过为客户提供贴切、具有说服力的方案，使其发生购买爱好。与

此同时设法与大的集团客户建立长期的合作联系，并结成利益联盟，为其提供类似产品或者服务及问题解决方案，实现企业效益最大化。另外，高档住宅社区以及大型商业广场等也是重要的宣传渠道，可以常常在这些场所举办特卖宣传活动吸引目标顾客群。

因为公众对空气净化器产品的接受程度还很低，目前商场固然不是最好的销售渠道，但却是很好的宣传展示渠道，将增强消费者的信任程度。

106. 我国空气净化器市场占有率是多少？

我国空气净化器市场品牌众多，包括欧美、日韩和中国的各种品牌。其中，国内品牌主要有亚都、美的、远大、海尔和万利达等；欧美品牌主要有瑞宝、飞利浦、霍尼韦尔和伊莱克斯等；日韩品牌主要是松下、夏普和日立等，中国台湾品牌主要有尚朋堂和康特等；国内品牌和国内生产的国外品牌产品主要占据中低端市场，进口产品则占据中高端市场。

具体来看，我国空气净化器行业的市场格局主要分为三类：

第一类是外资品牌，主要包括飞利浦、松下、霍尼韦尔、瑞宝、夏普、瑞士风等，这部分企业具有较强的规模、技术、研发和品牌优势，竞争实力较强，占据了高端空气净化器大部分市场份额；

第二类是规模较大和实力较强的国产空气净化器品牌，主要包括亚都、美的、远大、海尔和万利达等，尽管与国外知名品牌相比，这类企业在技术水平上仍有一定差距，但这类企业通过提高研发实力，部分空气净化器产品已达到国际领先水平，表现出越来越强劲的发展态势；

第三类是数量较多的规模较小的空气净化器企业，这部分企业以生产中低端空气净化器产品为主，质量参差不齐，主要依靠低价获得市场，竞争力较弱。

2011 年，我国汽车产销仍保持了 1 800 万辆规模，截至 2011 年年底，我国汽车保有量达到 10 579 万辆。2012 年 3 月国家标准《乘用车内空气质量评价指南》发布实施，使得车内空气污染净化治理成为一个广阔的市场，在厦门、广州、上海等制造业发达的地区，越来越多的实力型企业热衷于车载空气净化器的研发和生产，也有越来越多的有识之士开始了车载空气净化器的掘金之路，前景灿烂的市场引来众多的投资者，成为当前最有魅力的投资方向。空气净化器的车载系统市场优势得天独厚，无论是消费需求还是车主的消费能力都让其难以抗拒，市场空间巨大。

107. 怎样分析我国的空气净化器产品市场前景?

目前我国空气净化器的目标人群主要包括新装修家庭和办公场所、被动吸烟人群、呼吸系统疾病患者、受装修污染侵害的人群以及所有关注室内空气质量的人群。装修污染是人们最易感知而又最难以忍受的室内空气环境,如 PM2.5 污染问题和其他形式的可吸入颗粒物。因此,可以清除装修污染,特别是能够有效去除装饰装修材料中的甲醛的空气净化器成为消费者最推崇的空气净化产品,具有良好的市场发展前景。

统计表明,装修污染、室内污染是儿童白血病的罪魁祸首;世界卫生组织将室内污染列为威胁人类健康的 10 大危害之一;国际癌症研究机构将甲醛列为第一位致癌物质。空气净化器具有滤去尘埃、消除异味及有害气体、双重灭菌、释放负离子等功效,不但能够解决甲醛污染问题,在全球室内外空气污染越来越严重的情况下,解决空气中的可吸入颗粒物污染,在解决室内空气无毒的情况下,进一步提高我们的室内空气质量。调查数据显示,空气净化器在美国家庭的普及率达到 27%,日本 17%,欧洲 42%,韩国 70%,而中国却不到 1%。因此,随着人们对生活质量需要的日益提高,空气净化器具有广阔的市场发展潜力,行业总体机会良好。

随着人们对家居环境质量要求的提高，空气净化器等新型家电产品越来越多地走入普通家庭。不过以前的空气净化器大多是固定在一个地方，而现在随着用户需求的上升，智能移动的空气净化器正在成为市场发展新趋势。

目前很多家庭中新家具、装修材料中含有甲醛等有害成分，城市建设带来的粉尘，二手烟对家人的危害等，这些问题一直困扰着大量在城市生活中的人们。传统空气净化器部分地帮助人们解决了生活中的这些困扰，但传统的空气净化器只能固定在一个地方，使得空气净化范围往往容易受到局限。

调查表明，我国城市居民每天在室内工作、学习和生活的时间长达 20 小时以上，占全天时间的 80%以上。这表明人居建筑物室内空气质量对人体健康的影响远比室外空气重要。我国是室内空气质量问题比较严重的国家，每年仅因室内空气污染引发的急性中毒事件就有 400 多起，受害患者超过 15 000 人。随着人们对生活质量要求的日益重视，对空气净化器的要求也越来越具体，工作场所、生活场所、休闲场所等需要净化空气，而我国家用空气净化器的普及率还不足 1%。因此，随着人们对生活质量的日益重视，空气净化器行业具有良好的市场发展前景。

108. 我国空气净化器市场的发展现状是什么?

空气净化器市场在中国尚处于成长期。目前我国大部分空气净化器都出口到国外,国内市场还需要很长时间来培育。国内空气净化器市场发展迟滞的原因有三个。

(1) 消费者的意识问题。空气净化器是一个很难用目测或感觉来衡量功效好坏的消费品,同时目前由于生产规模小,价格偏高,无法进入平常百姓家庭,只局限在一级市场,推广难度很大。

(2) 空气净化器的技术问题。目前各个企业技术五花八门,但对空气净化效果缺少有效的评价方法。特别是解决全社会高度关注的室内环境装饰装修和家具污染问题,需要高效率的空气净化器。

(3) 空气净化器产品定位问题。作为除装修污染和解决 PM2.5 污染的产品,家用产品的价格、功效、服务和推广定位都还比较模糊。

同时,我们还要看到,目前我国空气净化器市场面临着不可多得的发展机遇,主要原因一是人们对空气品质与人身健康的关系越来越重视;二是环境恶化特别是空气品质的日益恶化正在逐步影响人们的生活质量;三是经过了 2008 年北京奥运会和 2010 年上海世博会的检验,我国的科学技术的发展已经能够为改善空气品质提供稳定、科学的解决方案。

109. 我国空气净化器的技术发展趋势是什么?

(1) 强化集尘能力。大风量化是各公司空气净化器产品的一个发展方向，通过采用新技术，加大处理风量(空气流通量)的能力，从而实现集尘能力的强化。在这方面，日本三菱公司走在了前面，其新品MAF401HS机高风量处理能力已达到了 4.1 m^3/s。另外，采用静电集尘、等离子集尘等新兴技术，辅之以 HEPA 高效过滤材料，从而达到对包括 0.01 nm

在内的尘粒的收集。

（2）强化除臭功能。光触媒技术引入空气净化器，引发了空气净化器除臭技术研究的热潮。生物触媒技术、等离子体除臭技术相继进入实用化阶段。如集集尘、杀菌、除臭于一体的等离子除臭技术，高清晰 VFD 状态显示等。

（3）多层过滤、全方位净化是未来产品的一大特点。单一功能的空气净化器早已退出市场，为了实现对空气的过滤、杀菌、除臭、清新功能，单靠一种技术已经难以实现。如日立开发的既集尘又抗菌也除臭的六层滤净器系统，集尘是由静电化极细纤维的滤净器完成。滤净系统由抗菌滤净器、集尘滤净器、除臭滤净器、光触媒滤净器、光触媒滤净器网构成，提高了空气净化器的滤净效果。

（4）控制趋向人性化。在产品的控制上，空气净化器日渐趋向人性化控制。如适时检测空气洁净度，自动调节风量大小，自动、定时开关机，遥控控制，高清晰 VFD 状态显示等。

（5）绿色环保。绿色是空气净化器未来的发展方向。绿色、环保是时代的主题，是未来所有产品共同努力的方向。如有的空气净化器采用了变频电机，使得净化器在低速下运行噪声减小到 17 dB，而消耗电力大大下降，在节能降噪方面迈出了一大步。

附录

附录 1　2012 年全国室内环保行业品牌企业名单

附录 2　GSH/J 2011-1《空气净化器去除颗粒物 PM2.5 试验方法技术规范》

附录1　2012年全国室内环保行业品牌企业名单

2012中国空气净化器市场最具影响力品牌

北京亚都室内环保科技股份有限公司　商标：亚都
广东松下环境系统有限公司　商标：松下
远大空品科技有限公司　商标：远大
大金(中国)投资有限公司　商标：大金

2012中国空气净化器科技创新品牌

飞利浦(中国)投资有限公司　商标：飞利浦

2012中国室内环保市场最具发展优势品牌

北京亚都室内环保科技股份有限公司　商标：亚都
青岛海尔空调器有限公司　商标：卡萨帝
远大空品科技有限公司　商标：远大
广东松下环境系统有限公司　商标：松下
舒尔环保科技(合肥)有限公司　商标：舒尔
宁波中鹰电子实业有限公司　商标：华福特
上海理微净化科技有限公司　商标：理微
北京中兴天瑞科贸有限公司　商标：木童
合肥三猫环保科技有限责任公司　商标：三猫
广州门德纳米科技有限公司　商标：Mente
上海永大环保科技公司　商标：永大
杭州立居环保科技有限公司　商标：无所味
天津生态城环保有限公司

注："中国室内装饰协会室内环境监测工作委员会"提供。

附录2 GSH/J 2011-1《空气净化器去除颗粒物PM2.5试验方法技术规范》

前　　言

本规范由国家室内环境与室内环保产品质量监督检验中心提出。

本规范起草单位:国家室内环境与室内环保产品质量监督检验中心。

本规范主要起草人:陈烈贤、宋广生、彭澜、尚婕。

本规范于2011年12月首次发布实施。

本规范是依据相关国家和行业标准与规范,适应我国空气净化器市场发展需要,规范空气净化器去除颗粒物PM2.5检测方法制定的室内空气净化器检测评价空气净化器性能的技术规范文件。

本技术规范作为国家室内环境与室内环保产品质量监督检验中心实验室为空气净化器研发、生产和销售单位进行空气净化器性能检测评价的参考性文件。

本技术规范可以作为相关实验室的空气净化器净化性能检测参考。

本技术规范由国家室内环境与室内环保产品质

量监督检验中心负责解释。

1 范围

本规范规定了空气净化器去除空气中颗粒物PM2.5的洁净空气量的试验方法。

本规范适用于空气净化器去除空气中颗粒物PM2.5的洁净空气量的测定。

本规范适用于室内、车、船和航空器内的空气净化器。

2 规范性引用文件

下列标准包含的条文，通过在本技术规范中引用而构成本技术规范的条文。在标准出版时，所示版本均为有效。所有标准都会被修正，使用本技术规范的各方应探讨、使用下列标准最新版本的可能性。

GB/T 18801—2008 空气净化器

GB/T 18883—2002 室内空气质量标准

3 术语和定义

下列术语和定义适用于本技术规范

3.1

颗粒物 PM2.5 particulate matter PM2.5

指悬浮在空气中，空气动力学当量直径小于或等于2.5 μm的颗粒物。

3.2

空气净化器 air cleaner

对空气中颗粒物 PM2.5 具有一定去除能力的装置。

3.3

实验舱 test chamber

用于空气净化器去除空气中颗粒物 PM2.5 性能的实验室，其规格见附录 A。

3.4

洁净空气量 clean air delivery rate

表征空气净化器能力的参数，用单位时间提供洁净空气的量值表示（简称 CADR），以 m^3/min 或 m^3/h 为单位。

3.5

自然衰减 natural decay

在实验舱内，由于沉降、附聚和表面沉积等自然现象，导致空气中颗粒物 PM2.5 浓度的降低。

3.6

总衰减 total decay

在试验时，实验舱内空气中颗粒物 PM2.5 的自然衰减和被运行中的空气净化器去除颗粒物 PM2.5 总浓度的降低。

3.7

额定风量 nominal airflow rate

空气净化器在额定频率和额定电压条件下运行

的处理风量,用 m^3/min 或 m^3/h 表示。

3.8

净化效率 cleaning efficiency(or removal efficiency)

空气净化器去除空气中颗粒物 PM2.5 的洁净空气量与空气净化器的额定风量的比值,定为空气净化器去除颗粒物 PM2.5 的净化效率,用%来表示。

4 技术要求

4.1 洁净空气量

空气净化器去除空气中颗粒物 PM2.5 的洁净空气量实测值应不小于标称值的 90%。

4.2 净化效率

空气净化器去除空气中颗粒物 PM2.5 的净化效率应不小于 50%。

5 试验方法

5.1 测试的一般条件

环境温度:25 ℃±2.5 ℃;

环境湿度:相对湿度 50%±10%。

5.2 试验设备

试验前检查颗粒物 PM2.5 发生、测定和记录等器具,均应处于正常使用状态。试验用仪器仪表的性能、精度、量程应满足被测量的要求。

5.2.1　激光粉尘仪，配备 PM2.5 切割器。

5.2.2　测量温度用的温度计，其精度应在 0.5 ℃ 以内。

5.2.3　测量时间用的仪表，其精度应在 0.5% 以内。

5.3　颗粒物 PM2.5 去除试验

用香烟烟雾作为颗粒物 PM2.5 源，其浓度以颗粒物 PM2.5 的单位 $\mu g/m^3$ 表示。

测量仪器为温湿度仪和激光测尘仪，各仪器需要定期校准。

测试空气净化器去除颗粒物 PM2.5 的洁净空气量，需按 5.3.1 和 5.3.2 所叙述的试验程序进行。

5.3.1　颗粒物 PM2.5 自然衰减试验

a）　将待检验的空气净化器放置于附录 A 试验舱中心的台面上。把空气净化器调节到试验的工作状态，检验运转正常，然后关闭空气净化器。

b）　确定试验的记录文件。

c）　开启高效空气过滤器，净化实验舱内空气，使颗粒物 PM2.5 背景浓度小于 0.05 mg/m^3。同时启动温湿度控制装置，使室内温度和相对湿度达到规定状态。

d）　待颗粒物 PM2.5 背景浓度降低到适合水平（见 5.3.1c)），记录颗粒物 PM2.5 背景浓度，关闭高效空气过滤器和温湿度控制装置，启动循环风扇。将香烟放入香烟燃烧器内，燃烧器与低压空气源连接，燃烧器香烟烟雾出口连接一根穿过实验舱壁的管子，排出的烟雾可被卷入循环风扇搅拌所形成的空气涡流中去。点燃香烟，盖好燃烧器。用低压空气吹送燃烧器中的香烟烟雾持续至达到初始浓度（见 5.3.1e)）。关闭低压空气源和穿过实验舱壁的管子，循环风扇再搅拌 2 min，使香烟烟雾混合均匀后关闭循环风扇。

e) 稍后待循环风扇停止转动，用粉尘仪测定颗粒物 PM2.5 的浓度。一般试验开始时颗粒物 PM2.5 浓度为 1.0 mg/m^3 左右。该测试点的数值作为实验舱内的初始浓度 c_0(t=0 min)。

f) 颗粒物 PM2.5 浓度数据的测定，由开始测定实验舱内的初始浓度 c_0(t=0 min)起计时，依次按 t=0、2、4……20 min，每2 min测定一次，连续测定 20 min。

g) 记录试验时实验舱内的平均温度和相对湿度。

h) 颗粒物 PM2.5 自然衰减常数 k_n 按附录 B 计算。

5.3.2 颗粒物 PM2.5 总衰减试验

a) 按 5.3.1.b)至 5.3.1d) 的规定进行试验。

b) 稍后待循环风扇停止转动。开启待检验的空气净化器，用粉尘仪测定颗粒物PM2.5的浓度。一般试验开始时颗粒物PM2.5浓度为1.0 mg/m^{3}左右。该测试点的数值作为实验舱内的初始浓度c_0(t=0 min)。

c) 颗粒物PM2.5浓度数据的测定，由开始测定实验舱内的初始浓度c_0(t=0 min)起计时，依次按t=0、2、4……20 min，每2 min测定一次，连续测定20 min。要求最少有9个数据点的浓度大于仪器测定下限的2倍。

d) 关闭空气净化器。记录试验时实验舱内的平均温度和相对湿度。

e) 颗粒物PM2.5的总衰减常数k_e按附录B计算。

f) 确定试验的可靠程度，用总衰减的相关系数来评价。按附录B计算相关系数R^2，要求$R^2 \geqslant 0.98$。

5.3.3 空气净化器去除颗粒物PM2.5的洁净空气量计算。

依据式(1)计算空气净化器去除颗粒物PM2.5的洁净空气量。

$$\mathrm{CADR} = V(k_e - k_n) \qquad \cdots\cdots\cdots (1)$$

式中：

CADR——洁净空气量，m^3/min；

V——实验舱的容积，m^3；

k_e——总衰减常数，min^{-1}；

k_n——自然衰减常数，min^{-1}。

6　净化效率

净化效率为空气净化器去除颗粒物PM2.5的洁净空气量与空气净化器的额定风量的比值，用%来表示。

$$\eta = CADR/Q \qquad \cdots\cdots\cdots\cdots(2)$$

式中：

η——净化效率，%。

附 录 A

（规范性附录）

实验舱结构及设备

A.1 实验舱的结构

A.1.1 实验舱容积

30 m^3。

A.1.2 框架

不锈钢或者铝型材。

A.1.3 壁

平板玻璃。

A.1.4 地板

不锈钢板或者玻璃。

A.1.5 顶板

不锈钢板或者玻璃。

A.1.6 密封材料

用硅橡胶条及玻璃密封胶。

A.1.7 吊扇

家用吊扇。

A.1.8 气密性

实验舱内的空气泄漏率应小于 0.05 m^3/h。

A.2 实验舱详图

见图 A.1。

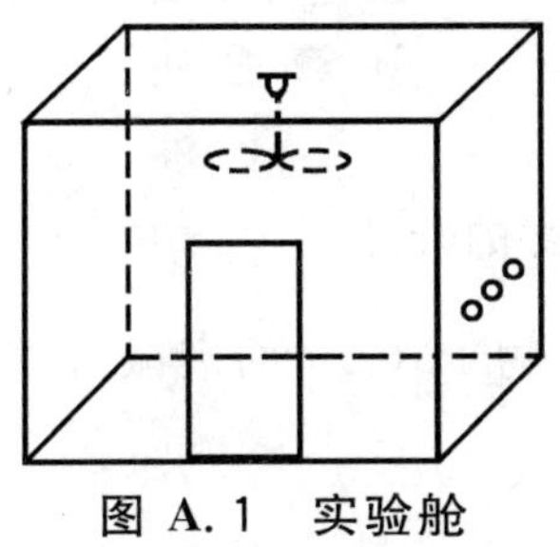

图 A.1 实验舱

A.3 仪器

分析仪器:激光粉尘仪,配备颗粒物 PM 2.5 切割器。

A.4 污染物

用香烟(红塔山牌)发生颗粒物 PM2.5。

附　录　B

（规范性附录）

计 算 方 法

B.1　衰减常数的计算

B.1.1　颗粒物 PM2.5 的衰减常数 k，依据下式求出：

$$c_t = c_0 e^{-kt} \qquad \cdots\cdots\cdots\cdots (B.1)$$

式中：

c_t——在时间 t 时的浓度，mg/m^3；

c_0——在 $t=0$ 时的初始浓度，mg/m^3；

k——衰减常数，min^{-1}；

t——时间，min。

B.1.2　衰减常数 k，可对 $\ln c_t$ 和 t 作线性回归处理求得，按下式计算：

$$k = \frac{\left(\sum_1^n t_i \ln c_{t_i}\right) - \frac{1}{n}\left(\sum_1^n t_i\right)\left(\sum_1^n \ln c_{t_i}\right)}{\sum_1^n t_i^2 - \frac{1}{n}\left(\sum_1^n t_i\right)^2} \qquad \cdots\cdots\cdots\cdots (B.2)$$

式中：

t_i——时间，min；

$\ln c_{t_i}$——浓度对数。

在 5.3.1 的自然衰减试验中,用本计算方法进行计算得出的结果,表示室内空气中的颗粒物的自然衰减的回归直线的斜率,即自然衰减常数 k_{n}。

在 5.3.2 的颗粒物去除试验中,用本计算方法进行计算得出的结果,表示室内空气中的颗粒物的自然衰减和被空气净化器去除效果的总和的回归直线的斜率,即总衰减常数 k_e。

B.2 相关系数的计算

相关系数按下式计算:

$$r^2=\frac{(\sum_1^n t_i\ln c_{t_i})^2}{(\sum_1^n t_i^2)\left[\sum_1^n(\ln c_{t_i}^2)\right]}$$

…………(B.3)

$$(\sum_1^n t_i\ln c_{t_i})^2=\sum_1^n t_i\ln c_{t_i}-\frac{1}{n}(\sum_1^n t_i)(\sum_1^n\ln c_{t_i})^2$$

…………(B.4)

$$\sum_1^n t_i^2=\sum_1^n t_i^2-\frac{1}{n}(\sum_1^n t_i)^2$$

…………(B.5)

$$\sum_1^n(\ln c_{t_i})^2=\sum_1^n(\ln c_{t_i})^2-\frac{1}{n}(\sum_1^n\ln c_{t_i})^2$$

…………(B.6)

式中：

r^2——相关系数的平方；

t_i——时间；

$\ln c_{t_i}$——浓度对数；

n——数据对的数目。